聆聽樹木的聲音

詹鳳春——著

目次

❖推薦序　親樹愛樹惜樹命

蔡惠卿（《大自然》雜誌前總編輯）

二〇一八年初春，因計畫需造訪日本里山林業，在詹鳳春老師的引薦與安排下，深入日本二處執行里山林業及農業的民間社團進行訪談與實地踏勘，也是初識鳳春老師之始。享譽樹木醫領域的鳳春老師，在里山倡議、日本庭園設計、佛教與植物的關係及園藝綠化等也多有所參與；這些與樹直接、間接相關的事，讓我們在訪查的過程中，多了許多話題，也增加很多對樹、樹醫、樹藝的認識，成員們對鳳春老師的工作個個是既敬佩又崇拜，而我則對鳳春老師親樹愛樹惜樹命的實踐精神特別感佩，簡直是樹的最佳代言人。

亨利．梭羅在《種子的信仰》一書中提到，我們要在自己的土地上，用自己的眼睛觀察、用自己的腳步丈量，學習田野的語言、探究自然的奧祕。「學習田野的語言」，也就是要傾聽自然，學習風的語言、聽聽鳥叫蟲鳴的意義、懂得山要說的話；鳳春老師就是可以聽到樹在說話的人，她知道樹要表達什麼，樹要人們幫忙做什麼？所以，每當她說到樹醫案例，眼睛就炯炯有神、自信滿分，連帶的聽眾也會被她牽引到那種氛圍——

希望能為樹木做些事。

這幾年鳳春老師的工作發展成跨國事業，並不是她野心勃勃，而是她在履行當初讀東京大學博士班時對指導教授的承諾，獲得學位後三件事之一：「回台灣，醫救自己故鄉的樹」。這是承諾，也是公益，所以鳳春老師頻頻出現在宮廟、學校、公園及社區，接受公私部門單位的委託拯治樹木、擔任顧問，是維持她可以公益救治樹木之道，但不論在哪一個地方對樹行醫，她總是判斷果決、醫樹行動快速準確，以時間爭取樹木的生命及下一代的成長，尤其是在診斷及土壤改良上，醫治救活許多台灣的樹，在這一本書的內容中，讀者們將可以分享到一些實際的案例。

台灣從一九九二年參與生物多樣性公約組織，隨著國際保育永續發展脈動而走，如此推動了近三十年的生物多樣性維護工作，從明星物種保育，放眼到現在的生態系維護、外來入侵種的防治移除及里山倡議的各種在地作為；台灣的自然生態保育工作已從點線面串起，並且走向國際接軌及永續發展的長遠規畫，如此的發展是我們期盼且樂見的，這些行動促使許多相關性質的民間組織團體應運而生，也如生物多樣性工作一樣的活潑多樣與齊備。以前，大都單純的只以樹木圖鑑、行道樹簡介作為出版主旨，後來因為生物多樣性保育觀念的推動，讓物種間的生態關係也成為出版的考慮觀點，所以植物與蝴蝶的蜜源關係、宗教植物，或者近期因樹藝及樹醫而成焦點的出版也日益增多，而鳳春老師應該可以說是國內首位樹木醫學手冊的引進及著作者，其著作甚豐如：《實用樹木醫學概論》、《臺日樹木醫手冊》等算是專業的樹木醫著作；屬於科普性質的如：《醫樹的人》等書，讓國內讀者對陌生、生硬的樹木醫有了正確的認識，並且透過鳳春老師在廣電視訊媒體及實體課程的演講教學，在國內幾乎可以說是颳起一陣救樹醫樹的旋風，鳳春老師的追隨者從南到北，臉書追蹤更是什麼樹的疑難雜症都有，可見她所帶起的親樹愛樹惜樹命的新觀念獲得多麼大的擁護與支持。

這一次由麥田出版社的《聆聽樹木的聲音》是她另一個面向的專業，聽過鳳春老師講授佛教發展與植物關係的演講，就會發現她除了冷靜的樹醫頭腦外，對於宗教的慈悲溫柔，其實是隱藏在對植物、對樹、對文化的關愛中；《聆聽樹木的聲音》一書首度深入談論行道樹歷史起源、發展與維護，還有都市環境、氣候等交疊造成行道樹生長種種的問題，不單單只是介紹行道樹樹種名稱或者樹病症狀。如果依書中所述世界上最古老的行道樹為西元前三千年左右展開，至今行道樹的生老病死會是一個亟待解決的問題。因此，鳳春老師除了將行道樹的世界歷史、由來及各國的行道樹文化、特色景觀等有詳盡的內容敘述外，各國在發展行道樹的緣由也有不同的考量，不論是以貿易交通要道或演變為里程標記、軍事考量、甚至提供遮蔭需求等作為種植行道樹的開始，從書中的述說得知，其實有許多有趣且人性化的設計考慮。讀者們可以好好的去研讀這一段行道樹的發展及演變過程，再反過來好好的思考，未來的一百年，我們希望行道樹會是以什麼樣貌存在我們及未來子子孫孫的生活環境中？再嚴肅一點看待未來的行道樹，如何扮演氣候變遷下對人們生活環境有益的角色？而我們在面對行道樹的生死存活問題時，該在何時伸出保護拯救的雙手，讓這些對自然環境、生活文化貢獻良多的大樹們，有一個安全適命的生存空間。

「適地適木」是最佳的種樹原則，也是近幾年政府單位在推動種樹活動時會呼籲的「種原生種的樹」、「種當地的樹」，因此，鳳春老師在各國的行道樹介紹時，也會解釋為何種植這些樹種，有環境、土壤及氣候上的因素，有時會有外來種的選擇，當然是另一種適宜生長的考慮，書中還有篇章是針對「行道樹的選擇」及「綠化樹種與特色」有深入的介紹，有機會進行這些工作的夥伴們可以好好研究，選擇種對的樹，讓百年樹木臨風搖曳，後世子孫得以綠蔭遮日。

當然對於鳳春老師的強項，如行道樹生存空間、行道樹問題與對策、樹木根系空間、行道樹景觀問題、植栽設計及行道樹修剪等，她都有專章撰述，分門別類地解釋了行道樹的各項疑難雜症，《聆聽樹木的聲音》是一本非常難得的文史與實用兼具的科普書籍。對於現階段地球面臨的極端氣候、氣候變遷而衍生出來的問題，她也用「都市微氣候與行道樹」一個篇章來告訴我們：「這幾年開始強調行道樹配植的特殊機能，如植栽的冷放射、樹冠遮蔽等作為緩和都市微氣候」，如何選擇生態共生混植的樹種、考慮風的特性、老齡樹的伐除與更新等等有關於都市微氣候及暖化的問題，她有專業又鞭辟入裡的闡述，讓我們得以瞭解，為了在有限的空間種對的樹、維護樹的生長，我們對樹有哪些應做的功課？這是逐漸失去「綠」色資源時，我們要盡量做、盡早做的行動。

最後，用亨利・梭羅的一句話來為這一本書的推薦做一個總結，「我對種子懷有大信心。讓我相信你有一顆種子，我就能期待奇蹟的發生。」希望所有讀過《聆聽樹木的聲音》一書的夥伴們，都是一顆顆的種子，在未來種樹、親樹、愛樹的行動裡，可以見到種子們發芽、茁壯、成樹、成林！讓我們一起加入鳳春老師的親樹愛樹惜樹命的實際行動，仔細聆聽樹木的聲音，感受樹傳達的自然聲息。

❖ 前言

何謂行道樹？一般解釋為：「道路、水邊、堤防邊、大道等為區別境界以列狀種植喬木，並以同一樹種、同形大小等間隔植栽」。行道樹種植於道路旁、河堤邊，以區隔建築物之間，一般主要為公共空間的複數共同體，並提供道路空間的舒適度與景觀提升。近年來，我們開始意識到樹木、環境綠化的重要，同時也反映民眾對自然的嚮往與需求。換句話說；整體社會對於感受大自然並與自然共生有了觀念轉變。面對自然的生命力，治療樹木的專業也受到社會的重視，這對於樹木而言不知是好與壞，但顯然行道樹應該也要感受到這份喜悅。

不可否認，台灣的行道樹現狀確實面臨很大的危機與課題。儘管這幾年來，道路綠化開始受到各界重視也採取相關植栽措施。但是，行道樹依舊處於土壤硬化、貧瘠、澆水量不足、不當修剪的危機之中。最終，導致行道樹難以忍受生長環境而枯死的數量不在其數。相較於樹林裡生長的樹木，行道樹處於孤立無援、根系發展受限以至於短命收場。同時受到民眾踩踏、蟲害及日照問題等行道樹的「辛勞」也非眾人所能感受了解。

然而；行道樹究竟該何去何從，這與我們生活環境與安全迫切相關。甚至，「渾然不覺就存在我們的身旁，但是少了它們，卻有說不出的空寂感」，也許僅止於這樣的感受。面對下一世紀，行道樹這一個課題是必須要重新建構的新視野。尤其，地球暖化帶來的異常氣象、強風、都市熱島效應等自然威脅。我們該如何創造行道樹的景觀並運用其機能改善環境，值得深思。

台灣的行道樹，儘管歷史並不長遠。但是受到西歐、日本等都市計畫影響，在日治時期展開了近代行道樹規畫。隨著外來思想的導入，影響了行道樹歷史的變遷。經過百年的探索和進步，行道樹扮演景觀、環境、交通安全及防災等角色，面對鑑古知今自有拾遺補闕的意義。

❖ 行道樹的由來

回溯人類與樹木、樹林及森林之間關係，可以說是極為長遠。這些屬於自然的樹木、森林與人類同樣在自然之中誕生。樹木比人類還更早出現於地球，在生態系中利用太陽的能量，擔任生產者而占有一席之地，並與其他自然結為一體成為人類生存上所不可欠缺的一環。然而，原本占領地表一望無際的森林，卻因人類活動等其他用途被轉用。接著森林受到人類活動，不論是質、量，其間接或直接都帶來各式各樣的干涉。這也讓原始的森林開始受到限制並弱化，而完全原始的森林可以說是極少。

樹木的壽命，最長可超過五千年。自人類的感覺、變化以分、秒單位來看，樹木卻以年為單位。何謂樹木？每個觀點的回答各有不同。就技術觀點的林業來看，是以最短的時間製造最上等木材為目標。相對之下，與期待四季變化的公園、道路及庭園的市民是大為不同。尤其若是培育自家庭園的樹木為大樹，成長的記憶更是與生活無法切割。就樹木使用價值來看，行道樹的出發點即為環境的緩衝機能，如綠蔭形成、空間隔離等結合多種目的功用。近年來因都市化影響，也考慮生態環境形成的緩和作用。同時在環境心理上，藉由樹種、季節、生長階段、修剪等人為管理，發揮多樣化的美學成為景觀上的重要自然媒介。

對於行道樹一詞，我們並不陌生，它的出現，最早是以道路旁綠地的形式登場。行道樹與人類活動關係的歷史；可以追溯自路邊設土丘以標記里程位置。然而，作為里程標記的土丘因長年受到風雨侵蝕，需不斷地進行修復。這對於古代的官府而言，定期修繕土丘是一大困擾。直到南北朝時期（約六世紀）出現了創舉；據說是軍事家韋孝寬，考慮長年修繕問題，提倡以植樹替代土丘以避免修復之苦。韋孝寬的提倡廣受朝廷官員支持，不久後便將雍州（今甘肅省）境內所有官道一律改植槐樹。如此一來槐樹不僅標記里程，還兼具固土、遮蔽風雨的效果。

根據文獻記載，世界上最古老的行道樹為西元前三千年左右展開。在這時期，黃河中下游一帶出現大大小小的部落，而在印度也展開哈拉帕文明於印度河流域區域。由於印度河沿岸土壤肥沃推動灌溉農業，同時也促進商貿活動，漸漸形成古代都市文明。隨著兩河流域地區發展以及伊朗與阿富汗等地之間貿易往來，印度和阿富汗的連結就扮演非常重要的角色。於是，在這連接之間出現了交通要道稱為大幹道。位於印度北部沖積平原的要道，列植了苦楝等樹種作為遮蔭。即使到了西元三世紀依舊被使用，直到十八世紀英國進入印度，考慮貿易幹道而大興建設作為軍隊通行要塞。不論是考量貿易交通要道或演變為里程標記、軍事考量、甚至提供遮蔭需求，行道樹隨著時代的需要而進化轉變。自有文明開始，行道樹也一起闡釋了歷史和當時的經濟活動。

第一章
中國行道樹歷史

中國古代的都城規畫，非常重視街道規畫。由於，街道為城內交通和城外聯繫的必經要道，亦是都城布局的重要骨架。在過去的文獻，也有記錄殷商後期所出現七公尺寬大的道路。然而卻因文獻記載不完整而無法確實掌握道路的發展。直到周朝後期，開始擁有完整的文字記載後，自文獻考據才得知道路與行道樹的相關紀錄事蹟。中國古代自有了國家就開始出現都城，而都城景觀主要是沿著街道展開布局。街道植樹則是構成整體協調並發揮景觀的功能，沿著街道種植的方式以列狀、間隔方式栽種；雖然至今主體並沒有太大變化，只是為了尋求更多機能而嘗試各種植栽形式。而自古都城與行道樹發展之間，可以大致分為兩大階段。如唐朝的長安、洛陽為當時的國際大都市，經濟文化中心皆集中於都城內，城內的街道與商店，設有警衛管理治安，採用封閉式結構。其中，洛陽早期為周朝的都城，原本僅為一個洛邑，之後才慢慢發展。反觀長安，因三面為山，土地肥沃又是秦朝興起的地方。這兩大都城，行道樹規畫及制度的發展，隨著進入唐朝也達到高峰。然而唐宋之際，都城制度發生重大的變化，即自封閉式轉變為開放式，如開封、北京等。隨著時代的變化，行道樹規制及發展也結合了潮流脈動。

❖ 道路植樹之始

根據古籍記載，周朝時期的道路已分為都城道路、接連都城的幹線道路及鄉村道路三大體系。中國最早的都市，是以都城及諸侯所在位置的邑。而都城布局始於春秋時期；戰國時期《考工記》就有記載周朝的道路。如「國中九經九緯，經涂九軌」這一段文字；可見城內有九條東西南北大道，每條道路寬度可行駛九輛馬車，猶如棋盤式街道。不僅如此《周禮》文中也提到，郊外道路可分為五個等級以徑、畛、涂、道、路。其中的「道」為村鎮市集間的道路，可容納兩輛車，通行寬度三・七公尺；而「路」則是城鎮通往諸侯的邑，僅次於國家級的幹線道路，可容納三輛車寬度五・五公尺。也就是說，道路依功能區分寬度，就像現代道路區分國道及鄉道的概念一般。此外還考慮道路的管理制度，設專人管理稱為司空。由此可見，周朝致力於道路的開闢建設及管理，可謂創舉，更帶給日後很大的影響。

周朝行道樹的發展，在歷史上扮演承先啟後的角色。從古書《國語》中的記載：「列樹以表道，立鄙食以守路」。所謂的列樹，就是種植成列的樹木。而表道一詞，作為標示道路的位置及里程為最早行道樹的記載。隨著道路的開闢，也必須考慮提供飲食休憩的地方。因此「鄙食」一詞，猶如現代高速公路的休息站一樣，供過路人、馬匹食宿。

古代將提供食宿的地方稱為廬；即「十里有廬，廬有飲食」。如同上高速公路後，每四公里就有提供飲食的休息站，為之後驛站的雛形。

西周都城，在第九代古公亶父時期達到一定的規模。為了避開北方民族侵擾，於是率領族人南遷到了岐山山麓下的周原地區（今陝西岐山縣），並建立新的諸侯國。當時植樹記載，可見於詩經記載的一段文。如「柞棫拔矣，行道兌矣」；意指率領族人遷到岐山之陽的周原（今陝西省寶雞市），營建岐邑，立廟、築城。為了開闢道路，首先以清除柞樹（蒙古櫟、棫樹、白桵樹、扁核木）等雜木以利鋪設。之後視岐山皆已砍完，植以松樹與柏樹為道路植樹之始。

周朝戰爭，主要是以車戰的模式進行。因此，道路規畫也自軍事防禦的角度出發。甚至，道路的開闢也成為另一種國勢強弱的判斷方法。如《國語》中提到，春秋時期單國國君單襄公，受周定王之命前往楚國。於途中經過陳國，驚見道無列樹，並認為陳國日後將走向亡國一途。究竟單襄公何以有此見識？因一個國家道路長滿雜草，路旁沒有種植成列的樹木，容易留下衰敗滅亡的印象，更失去一個國家該有的活力。後來，果真陳國走向滅亡也說明行道樹所給予的軍事象徵。隨著周朝勢弱，都城受到北方民族侵擾而被迫遷都並進入戰國時期。面對戰爭紛亂，道路主要是為了爭奪霸權而開闢，反而也因戰爭的需要而被摧毀，如斷糧道以毀路。行道樹不僅作為國勢的象徵，也可利用果樹充腹軍旅之勞，如《左傳》提到魯襄公九年，「諸侯伐鄭……杞人、郳人從趙武、魏絳斬行栗」描述晉國率領諸侯國伐鄭，而杞、小邾則跟隨晉國新軍去砍伐鄭國道路上的栗樹。這也說明，種植以栗等果樹既可「表道」又可食用，但受到戰爭影響行道樹也必須面對被摧毀的命運。

周朝推動道路植樹為軍事需求，同時也意識管理單位的必要性並交付「野廬氏」作為管理部門。《周禮》提到：「野廬氏掌達國道路，至於四畿，比國郊及野之道路，宿息、井樹……掌凡道禁」，說明野廬氏為高速公路的交通警察，還負責行道樹管理為公營行道樹的開始。在此所指的「野」，其實就是郊外之意；相對於「國」的概念。也就是說；野廬氏並不管理城內的道路與交通，而是負責高速公路的管理。儘管現代的高速公路，周邊植樹僅限於隔離與導引、遮蔽，較少規畫設置行道樹。但是依據過去史料記載，周道兩側甚至之後的秦朝馳道都植有行道樹。對周朝而言，野廬氏除了道路管理也必須要維護樹木，處理枯損等傾倒的樹木，管理制度也為道路綠化先驅的表現。

自周朝開始，樹種開始著重於文化象徵的表現。如槐樹，在《周禮》記述「面三槐，三公位焉」，意指宮廷外種有三棵槐樹，三公朝天子時，面向三槐而立。甚至還代表一個國家；如《周禮》提到「設其社稷之壝而樹之田主，各以其野之所宜木，遂名其社與其野」。槐樹為社樹之一，樹是社的標誌。古人與槐樹朝夕相處，感受到它旺盛的生命力，也出現了槐樹崇拜。從《晏子春秋》中的縣令描述「犯槐者刑，傷槐者死」所訂立的法令來看，槐樹的重要性成為一種公共的認知。

COLUMN

槐樹

自北美到中非分布的豆科落葉樹，世界約有二十種分布各地。槐樹為豆科植物，根系有根粒菌共生，生長非常迅速且貧瘠地也可以生長良好。因萌芽力旺盛，容易自樹幹基部生長不定枝，為綠化用樹種之一。槐樹自唐朝以後作為藥材樹種，傳入日本，稱為神樹。自古以來，據說種植槐樹可驅魔、長壽等說法。因此，考慮風水多將槐樹種植於庭園北角以驅魔。

北京城周邊的槐樹。

❖ 秦帝國——近代行道樹雛形

秦始皇統一全國後，隨即開始興建通往各地的快速道路。以咸陽為中心，修建三條馳道如都城以北的直道、西南的五尺道、南方的新道。目的是為了縮短與各郡縣距離的軍事用道路。

「馳道」的馳為快速之意，猶如現代的高速公路。不僅用於交通、出巡道路，還間接促進貿易發展，可以說是中國歷史上最早的國道。然而；馳道或直道，修築起來並不容易，《史記》的描述就提到「二十七年，始皇巡隴西、北地……自極廟道通酈山，作甘泉前殿。筑甬道，自咸陽屬之。是歲，賜爵一級。治馳道。」的一段文字，說明修築所耗費歲月。

古代道路的等級劃分非常嚴格，不同等級的路供不同的人行走。都城內的主要道路為最寬，其他還細分次等級道路。甚至又將道路平面做區隔劃分，如馳道不同於一般道路，別名為天子之道。一般老百姓無權穿越中央馳道，就算是王公貴族若沒有經過皇帝許可，也無法在馳道中央任意行走。既然馳道中央為皇帝專用道，那麼馳道究竟道路寬度為何？西漢賈山〈至言〉一文描述，「秦為馳道於天下……道廣五十步，三丈而樹，厚築其外，隱以金椎，樹以青松，為馳道之麗至於此」。說明馳道大致的型態，總寬約七十公尺、路面分為三條，道路中央為皇帝出巡的專用道，兩旁以每七公尺間隔種植青松，供行人休息庇蔭之用。若回顧今日林蔭大道也未必能達到這樣的規模，況且中央還保留皇帝的專用道。再者要能修築這樣寬廣大道，需耗費大量的人力資源。儘管秦朝的道路發展仍以軍事為目的，所規畫的馳道早已具備近代行道樹雛形。

秦始皇在位僅十一年，前後來來回回出巡就進行了六次。面對舟車勞頓，道路交通就成為秦帝國很頭痛的問題，因此官僚們更是致力於道路建設。《史記・秦始皇本紀》中記載，秦始皇在一次巡視時「風雨暴至，休於樹下，因封其樹為五大夫」。描述在巡迴途中遇到大風雨，由於沒有遮蔽之處，幸得松樹而避之，此後便下令種植松樹於馳道兩側，作為行人遮蔽之用。其他對於行道樹的保護還另設有職官山林政令，兼管理宮城及行道樹。當然秦始皇推動馳道樹木種植，不單只是為了門面，還考慮其他作用：如道路指標、里程等以及供行人

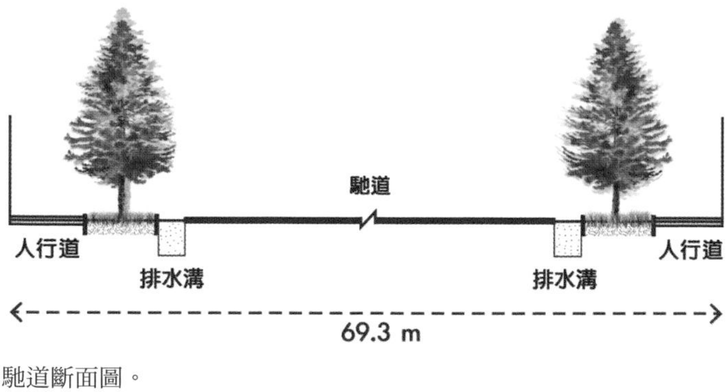

馳道斷面圖。

遮陽避暑。這樣的思想概念，如同近代行道樹推廣思想。換句話說，秦始皇時期已出現綠化的思想意識，可以說是相當重視環境保護。

COLUMN

松樹

松樹自古以來被認為神依附的樹木，也稱為等待神的樹木。就其學名*Pinus*，以希臘語義為「筏」之意，自古以來松樹的木材主要是作為造船所需材料。因此，在某個涵義上松樹也是貢獻給海神的樹木。

松樹信仰的根源，來自於中國古代。上古時代，在國家成立之前是社稷的型態，每當社稷舉行土地神、作物神的祭祀，必當在旁種植松樹。據說，這樣的神文化信仰也流傳至日本。不僅東洋，在西洋也視松樹為神聖之樹。古希臘，將櫟屬的樹作為主神宙斯的象徵，而松樹為神話中的酒神。其他例子還有古羅馬也會在春分之時舉行祭典，甚至大祭司還將自身手臂切傷以血供奉神聖的松樹，稱為神聖松樹祭典。

在日本，松樹與生活之間也出現許多神話傳說。據說古代高僧、貴人將使用完的筷子往土壤內插入，不久後即生根為松稱為「箸立松」。如建造江戶城而著名的武將太田道灌，曾經在用餐後將筷子插在庭院，說著「若此城能長久繁盛，在此筷子伸展出芽吧！」這段話，據說也如實長出新芽。

❖ 驛站制度與里程碑

繼秦朝之後，漢朝建造的兩個大都城長安、洛陽，奠定了中國都城發展基礎。漢朝一開始都城不在長安，而是洛陽。由於考慮為秦的故地，再加上地勢優越而決定遷至長安。因此漢朝初期的長安都城並不完整，而是等到了漢武帝繼位時才下令擴建長安城。然而好景不常，東漢之後，長安城已經是殘破不堪。直到唐朝的建立，才再次出現重建的機會。

漢朝也不例外，重大道路基礎建設也是由皇帝做決策。由於漢朝初年經濟凋敝，經過了文景之治之後，才逐漸提升了國力。當時都城的盛況，於古代地理書籍《三輔黃圖》記載：「長安城，面三門，四面十二門，皆通達九逵，以相經緯。衢路平正，可並列車軌十二門三塗洞闢，隱以金椎，周以林木，左右出入，為往來之徑」。城內主要東西南北大道共八條，道寬約四十五至五十六公尺左右。每一大街中間有兩條寬的排水溝，可將大街分為三條並行道路，中間寬二十公尺為皇帝專用的馳道。兩側各寬十二至十三公尺，為官吏與平民交通的道路，周邊植以樹木。整體為棋盤式格局，可見道路的規畫十分的完整。關於周邊林木的栽種，自《漢舊儀》中提到西漢長安城，說明：「八街九陌，十二門……樹宜槐與榆，松栢茂盛焉。」也就是說，都城內的植栽槐樹和榆樹以外，也種植松柏。槐樹；自周朝以來與人民的生活息息相關，到漢朝更是蔚為風氣。都城景觀已呈現「列槐樹數百行為隊……諸生朔望會此市」之情景，足以感受槐樹種植的盛況。

東漢都城洛陽，即漢魏舊城。洛陽舊城為不規則的長方形，布局顯然不同於長安而是以坐北朝南的南面為正門。西晉史書《帝王世紀》就記載：「（洛陽）城東西六里十一步，南北九里一百步」，通稱「九六城」。平面為長方形，有十二座城門，皇宮分為南、北兩宮。兩宮之間復道連接，南北長七里。所謂復道為並列的三條路，中間一條是皇帝專用的御道，兩側是臣僚、侍者走道。都城的規模到東漢末年後，因多次受戰亂而遭受毀壞。直到北魏孝文帝遷都至洛陽後，才展開原有都城布局進行調整。主要設置一條貫穿全城的東西向大街，將皇宮分為南北兩半，而南半部分為朝會聚集之處。另外

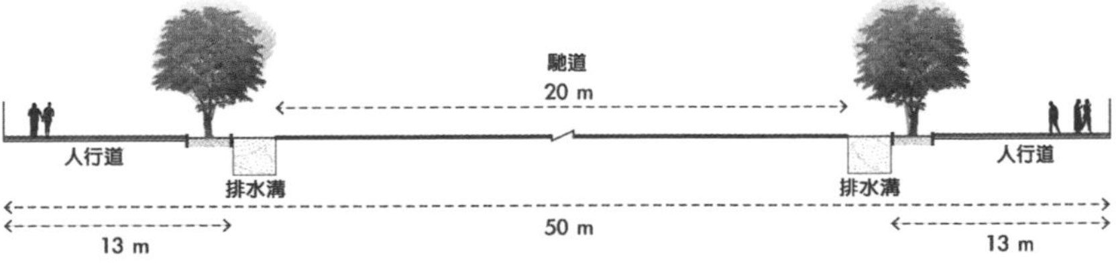

漢朝長安道路斷面圖。

貫穿南北向大街，寬四十二公尺稱為銅駝街。除了銅駝街，還有南北向三條，東西向四條，道路寬度約三十五至五十一公尺之間。將主要官署集中於銅駝街兩側，軍需則置東西部以加強中央集權統治。洛陽城的行道樹記載，於西晉文學家陸機的描述中，說明遊至洛陽讚嘆北魏都城的重建「宮門及城中大道皆分作三。中央御道，兩邊築土墻，高四尺餘……夾道種榆槐樹」，城門大街都是一門三道，中央是御道，行人左入右出，成為通制。在中央御道兩側築有土牆，並在道側種植榆樹及槐樹。洛陽城的都城規畫，並非如同長安城以中央南北軸線為主的左右對稱的格局，但是仍然有一條軸線貫穿整體都城。

漢朝末年戰亂及各國鼎立，都城長安的槐樹思想並未因此失去文化意義，反而更加推崇。尤其，前秦皇帝苻堅即位後整頓吏治，於《前秦錄》也記述長安街道行道樹的情景，「（苻堅滅燕趙之後）自長安至於諸州，皆夾路樹槐柳，二十里一亭，四十里一驛」。因苻堅考慮通商行旅的便利性，下令

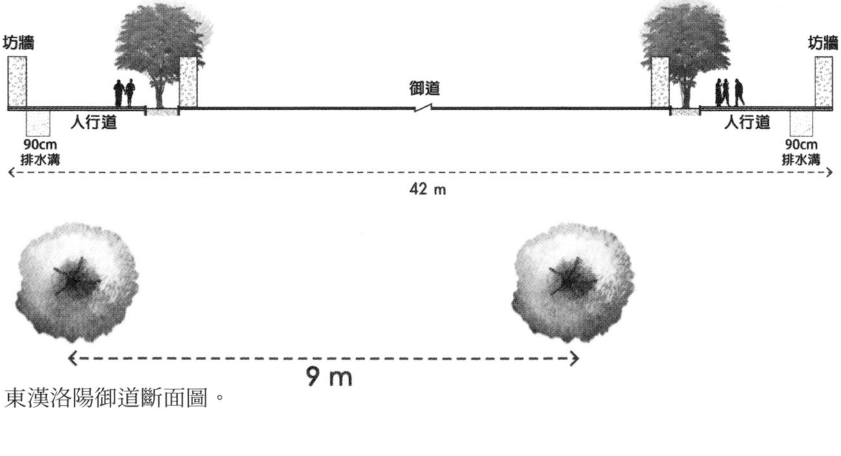

東漢洛陽御道斷面圖。

從長安到各地，修築了寬闊平坦的大道並種植槐樹與柳樹。這些措施，也促進了前秦經濟的迅速恢復和發展。漢朝以後，宮廷與都城皆偏好植槐樹。

漢王朝規畫都城道路，其出城後是以驛道相接。所謂驛道為國家幹線道路，始於漢王朝並為軍事及行政文書傳遞，宣布號令。此時期疆土與道路建設雖然沒有重大擴展，但卻於道路管理上大大的進步。如東漢和帝時以驛馬輸送嶺南荔枝、龍眼進貢京城所記載的一段文字：「舊南海獻龍眼、荔支，十里一置，五里一候」。南海地區一帶，「置」就是驛站，「候」為等待之意。經過運輸的長途跋涉，設置驛站提供兵馬休憩。隨著道路的驛站制度推動，進入南北朝時而出現創舉。名將韋孝寬自西魏年間率軍在邊境作戰，後因軍功被授予雍州刺史。上任後，經常到鄉間巡視，發現許多「堠」因風吹日曬而損壞、坍塌荒廢。考慮官府每年都要進行維修，增加了朝廷的財政開支及勞役之苦。因而，決定用樹代替土堠並下令雍州所屬各縣所有的官道均栽植一棵槐樹，用來代替里程。不僅可以在樹下乘涼休息，遮風避雨，而且還防止水土流失，改善環境。這樣的政策也得到各州官員支持，於是朝廷下令全國推廣於官道兩旁一里處栽植樹木一棵，十里處栽植三棵樹，百里處則栽植五棵樹。隨著里程標誌的思想，也遠傳至日本稱為一里塚並於土方上種植樹木作為里程標記。

COLUMN

一里塚的朴樹

根據文獻記載，日本於西元一五九七年首次下令大規模推動「一里塚」的種植。主要以江戶城（今東京皇居）為中心，以放射狀分布的三街道。「一里塚」所栽種的樹木是以朴樹為主。其故事由來，只因誤聽而栽種為朴樹，造就了一里塚的朴樹命運。當時德川將軍認為一里塚若普遍種植松樹，道路旅人會因此感到單調而乏味。因此將軍質問老臣說著：「一里塚是否種植其他樹木。」然而，老臣卻將「其他樹木」聽成「朴樹」。儘管是偶然之下誤聽，而朴樹也因根系深廣，穩固土塚等特色廣泛種植。再者，基於模仿中國里塚而企圖種植槐樹，相較之下朴樹的樹形與槐樹確實有幾分相似，且價格便宜。之後，因各地風土不同，也嘗試種植松樹、櫻花等樹種。

十九世紀中期以後，一里塚也面臨廢弛的危機。隨著樹齡的增加並老化枯死，而不得不進行補植。另一方面，位於耕作周圍不免受到日照遮蔭而影響作物生長。不僅官方無暇推動保護，甚至人民也漸漸遺忘其重要性。二十世紀以後，隨著道路開發整頓而欲廢除一里塚。然而，因各地民眾興起保護運動而部分被保存，也指定為國家歷史古蹟。

❖國際都市景觀

自開唐後，洛陽、長安也開啟了繁榮盛世。

隋朝初年，面對舊城的殘破不堪而企圖規畫新都。因此，於漢朝長安城東南邊修築空前的大都城，名為大興城。唐朝建立後，以大興城為京師並更名為長安。關於長安的具體描述，可見於元朝後期文人所撰寫《長安志圖》中記載：「唐外郭城東西南面各三門，直十一街，橫十四街，當皇城朱雀門日朱雀街，亦曰天門街。」描述朱雀大街為中軸線，將全城分為東、西兩大部分，形成了東、西對稱的格局。依據這藍圖，可見當時世界最大都市，每條街道都筆直而寬廣。整體都城以南北向朱雀大街為軸線，寬約一百五十至一百五十五公尺是皇帝巡迴、官員往來以及外國使臣朝貢的必經之路，又稱為「天街」。天街是以三道並行，中央禁止涉足，兩側是臣下和百姓道路。大道更以坊牆、寬三公尺御溝為界，兩旁種植槐樹，而其他大街的寬度普遍約三十五至六十五公尺，可以說達到了古代城市的頂峰。當時盛唐著名邊塞詩人岑參就曾描述「青槐夾馳道」，沿著溝渠的兩旁遍植槐樹之盛況。除了岑參，晚唐詩人杜荀鶴詩中：「律到御溝春，溝邊柳色新」，描述除了槐樹，路外還設有排水溝植垂柳，可見長安朱雀大街的景觀盛況。

不僅長安，洛陽的規模與華麗更是有過之而無不及。洛陽歷經東漢末年戰亂的摧毀，隋朝重建新都並以洛陽為東都，目的以徵收蓄積食糧。然而，洛陽城並非如同長安城的中軸線大街，而是以洛水貫穿城中分為南北兩半。因受到地形影響，仍然有一條軸線貫穿全城約九十至一百二十公尺寬的大道。當時文人杜寶在《大業雜記》一書中寫道「宮城東西五里二百步，南北七里……南臨洛水，開大道……闊一百步，道傍植櫻桃石榴兩行」。當時洛陽大道兩側植以櫻花和石榴，寬約一百二十公尺及長達九公里的盛況。中唐詩人白居易在詩中描述「大業年中煬天子，種柳成行夾流水」，於城內河岸植以柳樹之風情。唐朝許多文人如杜寶、白居易、杜甫等人，幾乎所有的詩人都曾描述過樹木。唐代面對植樹的推廣，不論是官方或自發性，植樹幾乎是深入人心。尤其愛好詩文的詩人，主政後首先便是推動種

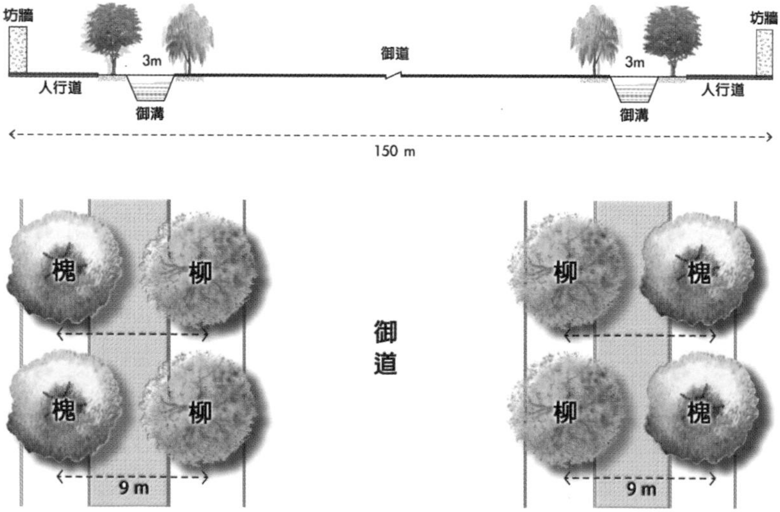

唐朝長安御道斷面圖。

樹。這也深深的影響唐朝之後的朝代，對植樹擁有深厚的思想。

唐朝歷代的帝王，大力提倡種植樹木以綠化都城。其中，唐玄宗為積極推動綠化君王之一，還曾下令「兩京道路並種果樹，杏、梅、李、棗、柿、梨、栗、榛、桃及林檎」，命京城附近的大街植以果樹，既可美化環境，又可供食用一舉兩得。所指兩京是為長安及洛陽，描述了官道上桃李行道樹的盛況。此外也推動行道樹具體的保護管理措施；頒令「諸道官路，不得令有耕種及砍伐樹木」。換句話說：昭告全國對於道路的保護，以不准任意破壞道路及侵占，視樹木為公共設施之一環。還訂立法規限制，如《唐律疏議》記載「諸棄毀官私器物及毀伐樹木、稼穡者，準盜論。」嚴格取締破壞行為，並安排專使負責檢查行道樹。這樣的保護樹木思想，對日後帶來很大的影響，如北宋典章制度史籍《唐會要》記載：「（太和）九年八月敕。諸街添補樹，並委左、右

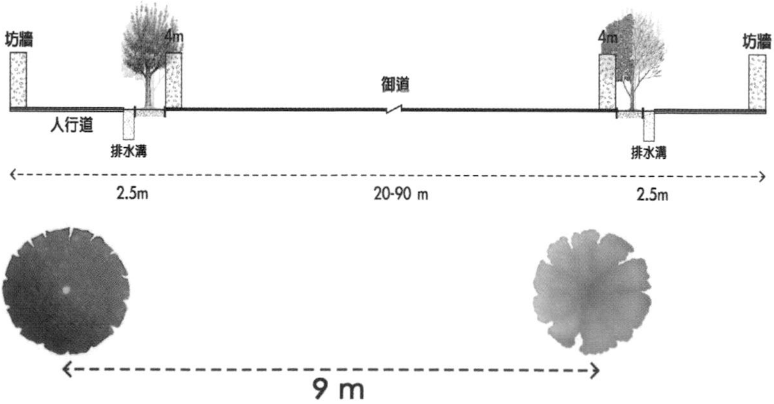

唐朝洛陽御道斷面圖。

街使栽種，價折領於京兆府，仍限於八月栽畢，其分析聞奏」。公布不得私自在街道種植樹木，對其栽種的樹木實施保護措施，也不得任意砍伐，植樹訂出標準。因此左右街史經常檢查樹木，並在每年八月替換補植，所需費用全由京兆府支出，反映樹木管理的制度化。

長安城主要街道，種植許多槐樹。自唐朝末年的補植計畫，可見槐樹的崇拜思想。就如面對道路樹木的缺損，也堅持補植以槐樹。如當時官府曾經計畫補植以榆樹，就受到當時官員吳湊的極力反對，說明「官街樹缺，所司植榆以補之。湊曰：榆非九衢（大道）之玩，命易之以槐」。這一段文，說明大道僅能以槐樹，不可補植榆樹。因槐樹是其他樹種所無法取代，具備特殊情感。甚至槐樹作為其他利用之用，也遭受官員各方的反對。唐朝歷史瑣聞筆記《唐國史補》就記述這一段，「貞元中，度支欲斫取兩京道中槐樹造車，更栽小樹，先符牒渭南縣尉張造，造批其牒曰：『……近奉文牒，令伐官槐，若欲造車，豈無良木？恭惟此樹，其來久遠，東西列植，南北成行……思人愛樹，詩有薄言」。指出長安至洛陽之間大道植栽以槐樹，當時政府有意採用長安官道上的槐樹來造車，面對反對聲浪，堅持綠化的官員張造說明「東西列植、南北成行」的樹木曾經造福不少人。因此，強力反對砍伐槐樹作為造車材，可見對行道樹保護與重視。

唐朝由於國勢強大，長安為當時世界最繁榮的都市。相對的，街道綠化也較漢朝更為進步。長安城的綠化之所以有如此好的效果，除了政府有力的支持以外，社會經濟繁榮以及人們對生活環境的需求，造就了綠化成果。國際都市的長安與洛陽，街道綠化及樹木保護措施也影響了鄰近國家的都城建設。如日本平安時期的平城京、平安京，除了布局模仿長安，就連樹種及綠化思想也深深受到影響。

COLUMN

榆樹

榆科的樹木，於白堊紀（約一億四千五百萬年前－六千六百萬年前）發現化石的紀錄。其形態與特徵，經過長年累月也看不到明顯的變化。當一萬五千年前，冰河期結束時，自冰河溶解的水成了湖水，之後形成了許多沼澤地。在濕潤的土壤環境生長了榆科、木犀科梣屬等生長繁茂。再來有耐陰性較高的山毛櫸、楓樹等構成多樣性的森林。

榆科樹木，分布於熱帶到北半球的溫帶，主要以溫帶地方為中心，世界共分布近一百五十種。其中榆屬的樹木，約三十種。榆樹與西洋椴、歐洲七葉樹及懸鈴木等並列為世界四大行道樹。榆屬之中，生長快速的有西伯利亞榆，繁殖力旺盛。榆樹，平均數齡約三百年，樹高可達四十公尺為樹形高大的樹木。榆的漢字，俞表現為肯定與承諾，同愉（快）使人感到舒適或治癒等含意。榆樹其屬性為陽，自古列為陰氣的克制之物。俗稱百鬼不近之樹。

COLUMN

種樹郭橐駝

唐朝文人柳宗元，曾在一篇文章中介紹了一位長安（今西安）著名種樹的人。此人駝背，大家稱他郭橐駝。郭橐駝種得樹或者移植得樹，沒有不成活的；而且長得高大茂盛。其他種植的人即使暗中仿效，也達不到他的效果。之後，有人就找郭橐駝問其緣由。他說：「能順木之天，以致其性焉爾」道理其實很簡單，只不過是順著樹木的天性，充分發揮它的本性罷了。每一種樹木有其本質，理解樹木性質不違背自然為原則。其次，移植時使用之前土壤。之後，為了讓樹不受風動搖，穩固樹幹基部。最後，種植後就不再去管它，讓它自然生長。在古代農書中也提到，根與土壤之間的關係。當移植時，因土壤的改變，根系生長容易停頓。

因此移植時盡可能保留過去土壤以確保生存。對於種植養護，當不了解樹木特性時，即使提供肥料也容易過不足。換句話說；適當的樹木管理，是基於性質的觀察。若過分關心它的生長，反而生長不良。柳宗元的描述，暗喻「植樹之法」，也同「養人之術」的概念。

❖植樹與水土保持

宋朝是歷史上唯一鼓勵經商的封建王朝，都城沿用了五代末年擴建的都城。因人口眾多必須依靠商客自汴河運輸，也非前代封閉式都城所能調度。因此都城隨著局勢的轉變為開放式，許多市集也沿著堤岸開始興起繁榮。北宋定都開封長達一百六十八年之久，人口超過百萬是當時世界的大都市之一。隨著唐朝走向滅亡，長安與洛陽均遭受很大破壞，也失去了建都的客觀條件。因受到北方開發及戰亂的影響，大量人口南移，經濟重心也隨著南移。

汴京，整體呈東西略短的長方形，自宮城南門的正門朱雀門直到外城，築有御街寬約兩百多步，是四面御街中最正中的一條，也是全城的中軸線。這條南北向的御街，兩旁設有千步廊也稱為御廊，具備廣場集會性質。御街；顧名思義是皇帝出巡的街道，禁止人馬在中心御道通行，而御街兩側也配置了行政官署作為執政辦公之用。

關於都城生活的描述，宋代文學家孟元老在其晚年回憶都城繁榮情景，於《東京夢華錄》寫道：「道廣二百步（二百公尺），其餘為五十步（五十公尺），三十步（三十公尺），御街，自宣德樓一直南去，約闊二百餘步，兩邊乃御廊……中心御道，不得人馬行往……御溝水兩道……植蓮荷，近岸植桃李梨杏」。這些道路是以宮城為中心，結合放射狀與方格子狀的路網系統。所指的宣德樓為宮城正門樓，中間為朱雀門，於御溝水道兩旁種植桃李梨杏等樹。除了種植花木，溝旁也種植柳樹。在王安石的兩句詩中也可窺見當時植柳狀況：「習習春風

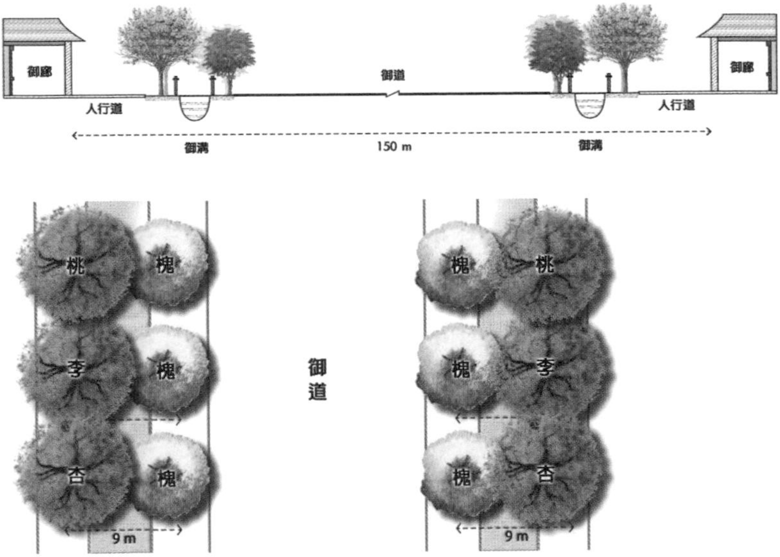

宋朝東京御道斷面圖。

拂柳條，御溝春水已冰消」，描寫皇城河冰消融，御溝上春風拂柳的景色。都城街道廣植樹木，甚至擴大至外城，連著城濠皆植楊柳，而城裡開道部分也各植榆柳。北宋在植樹的推動上是具有相當成效，採用樹種也考慮因地適宜的手法。

另一方面在植樹思想上，朝廷認為種植樹木於官道，既可保護路基、備材，還可以提供綠蔭，所以多次下令種植樹木於道路兩側。如宋真宗時期，「令河北緣邊官道左右及時植榆柳」，要求都城內官道及邊境植樹，而且還納入國家規範之中。之後，官員范應辰還為此提出建議，「諸路多闕係官材木，望令馬遞鋪卒夾官道植榆柳，或隨地土所宜種雜木，五、七年可致茂盛，供費之外，炎暑之月，亦足蔭及路人，從之」，認為種植榆柳於官道，可提供材木所用，應考慮因地適宜種植，以供行人綠蔭等好處。這些植樹策略得到皇帝的認同，官員也致力於河堤、道路植樹的養護及補植。

宋朝不同於其他朝代，特別重視造林，如經濟林、水土保持林。這與本身都城環境有很大的關係。都城有四條河經城內，周圍地勢非常平，水流多且處於低窪以至於經常發生水災。不僅如此，還遭遇史上黃河潰堤及改道，損失慘重，努力尋求解決途徑。面對不斷的水害，朝廷要求在沿河種植樹木，如宋太祖時，即下令「沿黃、汴河州縣長吏，每歲首令地分兵種榆柳以壯堤防」，以「防河決」、「壯堤防」為由，植以柳樹及榆樹使其能夠保持水土，固堤防。甚至還將植樹實績作為官員考核，可見朝廷對綠化植樹的重視。之後，宋真宗時期也曾命官員在汴河「植樹數十萬以固岸」，栽種柳樹及榆樹加強堤防功能，並配合修剪管理為計畫性植樹。地方植樹也不遺餘力，北宋初期派辛仲甫治蜀就提到：「（仲甫）入拜右補闕，出知光州……移知彭州……先是州少種樹，暑無所休。仲甫課民栽柳蔭行路，郡人德之，名為補闕柳。」說明被派任彭州，考慮夏季道路炎熱無休憩之處，動員人民在轄境內所有道路兩側，栽楊柳以作為道路綠蔭。人民以此為德政稱為「補闕柳」。其他，遠在福州也任命知事蔡襄，積極招募人民廣植松樹七百里，以提供道路綠蔭，其政績廣為流傳世人。

北宋除了自然災害威脅，還一直受到北方邊境民族的壓迫。由於定都汴京，失去了諸多北方屏障，因此朝廷企圖透過植樹造林以防禦。宋初對於植樹不遺餘力，更是全面打造邊境軍事防禦林。朝廷致力於植樹的推動也加強保護，甚至多次頒布禁令，嚴禁對軍事防禦林濫砍亂伐，一律嚴懲。不論都城植樹、邊疆防禦林，其規模已經數以億計。北宋末期，植樹已延伸至地方，如福州一帶植樹數量已經相當可觀。據文獻記載：「共栽植杉松等木三十三萬八千六百株，漸次長茂，已置籍拘管」，而從「置籍拘管」也可知已登記成冊進行管理。宋代的植樹思想，受到自然環境的威脅之下，除了植樹也萌生了防災思想，間接推動了管理制度。

宋朝植樹是為了抵禦外敵，並推動綠化植樹。林木的種植與保護，主要是基於環境保護。宋人雖然沒有明確提出環境保護這個概念，但其行為已具有這方面的思想意識。如設立司門郎中，專門負責道路整治及路樹管理，定期巡視及補植。都城的道路使用也訂立相關條文，在京城內大街寬五十步，規定兩側植栽樹木提供行人綠蔭，其樹木間距離也以五步為距的規定。這樣的新制度之下，是為了避免商店侵略道路，同時綠化都城。可知，宋代對於植樹政策已有了具體規範，樹木的種植與保護更勝於過去朝代的推行。

COLUMN

柳樹

柳屬的樹木，為生長迅速的樹種之一。過去在北歐各國，以來種植作為生物質的燃料或工業原料等。由於柳屬的樹種，伐除後可迅速萌芽並再生，作為生物質是相當好的材料。

柳屬的另一特徵，因容易形成雜種，其種的定義也較為困難。世界分布約三百五十－四百五十種，主要以北半球亞熱帶至寒帶氣候之間。為樹種內最能適應寒冷環境，如俄羅斯、阿拉斯加等甚至森林界線的高山地帶也可發現蹤影。然而因壽命較短，鮮少出現巨木。常見的柳屬大喬木多數集中於水邊環境並生長快速，不乏超過樹高二十公尺以上。

日本的柳樹自唐朝輸入後，深植於日本文化中。著名城市東京銀座，早期行道樹是植以柳樹。而皇居周遭的護城河周圍植以柳樹，作為驅邪之樹。柳樹喜水氣多的環境，如河邊、水溝旁等。此外，柳樹不僅能耐水氣還可耐乾燥，常見於都市的行道樹或公園樹都生長得非常良好。

❖植樹立法

中國歷史上的帝王當中，元世祖算是少數大有作為的皇帝。在十三世紀後期，讓都城成為世界上著名的大都市。元大都為明清北京城的前身，在都城建築史上扮演重要地位。漢人劉秉忠在監造大都時，是以城門外一棵大樹正對著，以此確立了全城的中軸線位置，後稱此樹為獨樹將軍。因此，每逢大節日都在這樹上掛滿花燈得以慶祝。元大都的設計規畫井然有序，城內南北、東西各設九條大街，而中軸線御道長達七．八公里，左右為千步廊，大街寬度可通行九輛的馬車。

大都是當時政治中心，也是商業及文化中心，更是著名的國際都城。尤其在元世祖時期，義大利商人馬可波羅還記錄了大都的參訪，歸國後將所見聞寫下《馬可波羅遊記》。遊記中記述了大都的風貌與繁榮，也吸引了各國對東方的好奇。關於大都的行道樹於《馬可波羅遊記》提到，「大汗命人植栽道路側」、「由是行人易識道途。此事有裨於行人，且使行人愉快」；因大汗命人在道路上種植大樹，使遠處可見，行人日夜不至迷途。因此一切道路視其必要，皆種植行道樹。這樣的政策，深深影響大都的道路綠化。

元世祖致力於樹木種植，其源來自於草原民族對樹木崇拜的歷史背景。對草原民族而言，樹木為自然生命力的一種，藉由樹木的超自然力量以祈求生命永恆。因此草原民族與樹木之間的關係，不乏可見於喪葬文化所衍生樹木的敬畏思想。另一方面，對樹木的重視也反映於植樹立法並頒布道路栽種政令。元世祖時期，曾命各州縣負責於初春時栽種，每株間隔不得超過兩步，堅守看護使樹木強健茁壯。由於蒙古為遊牧民族習性，更嚴禁騎馬人員不可放任馬匹損害樹木，也不得任意砍伐，違反時要依照律令治罪。此外也對植樹，提出適地適木的概念，記載於元代典章制度文獻《大元聖政國朝典章》內：「自大都隨路州縣城郭周圍，並河渠兩岸、急遞鋪道店側畔，各隨地宜，官民栽植榆柳槐樹」。考慮河岸邊護堤的效果，植以榆樹及柳樹，而槐樹植栽於官道；適土地所宜，種植樹木。元代的植樹政策不局限於大都市，而都城內行道樹規畫也較地方為嚴謹，這些政策對綠化推動有著正面的影響力。

COLUMN

草原樹木崇拜

蒙古民族，自古以來即有祭祀樹木的習慣，也為傳統信仰的自然崇拜。因草原民族面對大樹抱持戒慎恐懼的心念，以至於出現祭祀大樹的習慣。主要祭祀樹種以榆樹、柳樹、松樹等為主。除了樹種以外，還將祭祀樹木分類，如母樹、父樹、天的樹、祖先的樹、巫師的樹等各式各樣。不僅如此，還有祭祀森林的習慣。面對這些神聖的樹木、森林是不允許任何破壞、攀爬及砍伐的行為。特別是砍伐，被視為如同切斷子孫的血脈，促使家族破裂。同時，還認為兩棵大樹並列為父母樹之意，絕對不允許在其間穿過通行。對蒙古草原民族而言，人類來自於樹木，當人死去後靈魂再度回到樹木的輪迴思想。也因此將森林祭祀，視為祭祀祖先的道理。簡言之，樹木信仰，也就是祖先崇拜。通過祖先崇拜，是基於自然環境的保護意識。

樹木的根系於地下伸展，而枝條往天空伸展。在許多民族文化之中，地與天之間相連結為宇宙的軸線。宇宙軸線思想早在古代已出現，除了樹木還涵蓋塔、山等要素。在西伯利亞的原住民即視唐松為神聖樹木而膜拜。認為這些樹木為世界主軸連結天與地，也為神的通道。

❖ 適地適木思想

元帝國衰落後，朱元璋於南京稱帝並以此作為統一全國的基地。整體都城布局，繼承歷代都城而有所變化，也為後來改建北京城的依據。南京的宮城是以中軸線為中心，左右對稱。御道東西兩側建有千步廊，自南而北至皇城門前的橫街，分別轉向東西兩面形成曲尺型。這也讓皇城前的宮廷廣場成為丁字型的格局。一方面，明初為了防禦北方民族入侵也重建了元朝都城，之後於永樂期間遷都北京。

明朝建立之初，因多年戰亂讓眾多山林受到摧毀。當朱元璋登基後，首先頒發一系列植樹令，命各地隨處移植，推動全國植樹活動。之後為彰顯率民植樹意志，在洪武年間推動種植桐、棕、漆樹於城門外，即使耗費再多勞力也在所不惜。為了讓植樹能切實執行，動用法令以懲治不遵守規定植樹者，可謂是強制性植樹的法律。相較之下，官道的植樹並不積極，主要還是以軍事上的考量。儘管如此，明初也致力於御道並於主要幹道兩側種植槐樹。

明朝遷都北京後，因薪炭的需求砍伐不少林木，因此更意識到環境保護的重要性。當面對大興土木與環境保護之間的矛盾，朝廷一方面過度破壞森林；另一方面更是迫切推動保護林木的政策。如大規模栽種樹木於河堤及城鎮，下令若有擅自盜伐者「廷杖四十，課以罰金」。同時，基於適地適木的思想，要求「視土氣（質）而選樹種，或疏或密，疏者丈餘一植，密者三五步一植，樹種可雜混，因地而宜，不可一統，以成林為宜。」考慮土質、取植間距離調整疏密度，可知植樹的手法非常講究。北京城的規畫主要參考周禮「營國制度」原則而設計；皇城中軸線的御道，長達五千公尺，左右為千步廊。御道的植樹，於明朝中期以後才陸續栽植。夾道植槐樹，每十步一株，另設樹木管理置兵馬司，負責城內街道巡視及監督。雖然朝廷面對御道植樹，並不如前代積極。據當時御史吳世忠，曾上奏建議種植槐樹以遮蔭，卻不受認同。儘管如此，都城的道路植樹也還有一定的規模。明末詩人陸懋龍的描述中「官道如弦照水空，雙扉半掩綠槐中」，依舊可窺見槐樹種植的傳承思想。明朝對行道樹植栽的重視度並不高，主要還是以軍事上的考量為優先，其所致力護城河及長城周圍大規模植林，是為了抵抗外患及防範洪水發生。

❖ 近代與外來思想的衝擊

十七世紀中期後，隨著明朝末年的腐敗與內憂外患，攻陷北京的清朝統治者，全盤接收了明朝的都城和宮殿。之後的清政府也開始著手整頓年久失修的行道樹。

清朝，於都城行道樹種植有較大的發展。清朝定都北京後，康熙帝曾因天壇風沙淤塞，要求大路旁植柳樹擋禦風害，栽植樹木交付巡捕看守，同時也非常重視河堤上的樹木種植。曾經在巡視河堤時，即命地方官廣植柳樹以防堤潰，提出樹木管理的相關規定：「栽種樹木限以三年，限內乾枯者監種官自行補足；限外者由部付給錢糧補種」。要求栽種三年內若枯損，應當立即補植的養護程序。官道植樹，是要到雍正期間才開始出現了起色。當時直隸巡撫上奏建議，「驛路兩旁栽種柳樹，以恤行旅」。直隸省屬京師之地，巡撫認為都城大道兩旁廣植柳樹，可提供遮蔭憩息，體恤旅人之苦。而植樹更是朝廷上下一大事業，據當時官員上朝回應：「皇上面諭直屬大路兩旁栽種柳株。爾等留心照行。」，可知當時致力於行道樹的種植及養護，不僅各省要道、京城內外的官道也遍植柳樹。隨著都城官道在歷代的推動之下，清末也達到一定的成效。

如晚清進士、易學大師尚秉和的著書《歷代社會風俗事物考》也描述道：「清時官道，寬數十丈，兩旁樹柳，中雜以槐。余幼時，自正定應舉赴京師，行官道六百餘里，兩旁古柳參天」，說明進京的路線，沿途「綠蔭冪地」，充滿槐樹及柳樹的參天古木，顯然是數百年間不斷栽種的結果。

清初於河堤推動植樹，之後延伸官道以至於地方。雍正皇帝考慮京城與地方連結的道路植樹，還曾派官員前往督察，說明「京師至江南道路往來行旅繁多，朕於雍正七年特遣大臣官員前往督率，地方官修理平治不惜帑金成功迅速，又令道旁種樹以為行人憩息，凡此道路樹木，皆朕降旨交與該地方官隨時留心保護。近聞官吏怠忽，日漸廢弛低窪之處，車輛難行，道旁所種柳樹殘缺未補，且有附近兵民斫伐為薪者，此皆有司漫不經心，而大吏又不稽查訓戒之故，隨損隨修不得遲緩，其應行補種柳樹之處，按時補種，並令文武官弁禁約兵民不得任意戕伐，儻有不遵，將官弁題參議處，兵民從重治罪」。這一段文也說明朝廷重視道路植樹事業，將樹木種植視為政府事業一環，計畫定期補植及養護，針對破壞枯損一律論以治罪，可見當時對行道樹事業的重視。

自從清初倡導河堤植樹以後，清廷很注意堤防柳樹的種植事業。尤其乾隆皇帝更是繼康熙皇帝之後極力提倡護堤防。還以詩文〈堤柳〉談及：「堤柳以護堤，宜內不宜外，內則盤根結，御浪堤弗敗」，指出護堤植柳手法及效益。此外，考慮北京地區的氣候和土質特色，提倡植柳與槐及說明種植方法。據文獻中記載：「每兵一名，例應栽植柳一百株。於冬末春初津液含蓄之時，採取長八尺、徑兩寸許柳栽。以七成為率，歲終報部。」以此鼓勵士兵種樹，提出具體植栽建議如植栽時期，苗木大小。之後更是提倡獎勵政策，「凡民眾植柳成活五百株以上，二年驗收，提交公部，傳令嘉獎。」及「儀、行樹（道路樹木）株，三年限外，儀樹每千株回乾（枯死）不及十株者，免議，十株以上，降一級留任。」，依據植樹存活給予懲罰與獎勵。清廷在極力的推動之下，行道樹事業展現許多成果。當時安徽布政使程燾就提到，直隸、山東、陝西、河南等省大路兩旁，皆種植行道樹，呈現「夾道垂楊，春夏蓊蘢鬱茂」。除了柳樹，也有元朝時留下的槐樹古木。

辛亥革命結束了清朝统治，北京城的發展也進入另一個轉折點。北京歷經自遼、金、元、明清各朝代京城，其規模到明朝以後才穩定下來。道路系統自明朝以後也沒有出現多大的改變，依舊以棋盤式道路為主。由於二十世紀之前，缺乏衛生概念、道路充滿惡臭、汙泥滿道且崎嶇不平，相較於歐美自十九世紀開始就已推動碎石等鋪面技術、擴寬道路，形成強烈對比。因此，改善道路系統便成為城市發展的當務之急。當進入軍閥時代以後，北京轉為京都市政公所管理，開始導入西洋的都市計畫與建設。當時，朱啟鈐扮演重要的推手並於一九一五年時任袁世凱「登基大典籌備處」處長，提出都城格局工程，計畫以打通城內道路對外聯繫。由於明清時，北京為全國官路中心並為放射擴展影響通行，同時皇城內道路以石板為主，部分步道以磚砌成。儘管軍閥時代開始出現瀝青道路，但發展速度依舊緩慢。朱啟鈐面對排山倒海的近代文明思想，極力展開道路系統工程。首當其衝的工程，即明清時期的紫禁城前T形廣場，原本為一個封閉嚴密的宮廷廣場。T的一橫為長安大街，一豎則是一條南北走向的御道其兩側為千步廊。過去以來，這條御道只有皇帝才能通行，平常百姓是禁止進入。到了清末這條千步廊破舊不堪，同時交通壅堵越加嚴重，不得不展開城門周圍建築群的改造。然而政府財政不濟，面對經費來源的不足，只能在有限資源下推動京城的改造計畫。因此，將外城門兩側開通各二十公尺寬道路，並修築了排水溝。其次，將清末明初已坍塌不堪的千步廊進行拆除為天安門廣場，打開東西通道使民眾可自由通行長安街。

二十世紀以後，各城區巡捕開始在各管理轄區道路兩旁植栽行道樹，綠化街道。也將古木視為歷史文物而更是採取保護措施。戰後，皇城前東西橫向的長安大街歷經多年修繕建設，逐漸完成現代化。尤其紫禁城前寬一百公尺公園道路，以往為皇帝專用道路轉為公園化。公園大道的行道樹左右兩群各二十五公尺寬，規模浩大。其他超過八十公尺的大道，行道樹林也至少保留二十公尺寬以上，最大的林蔭區高達五十五公尺，種植槐樹、柳樹等。甚至狹小道路

公園大道。

也種植行道樹，單面或以夾道式。北京行道樹繼承以往傳統，採用適地適樹原則如國槐、欒樹及油松等。主要以中國北方的鄉土植物，對城市綠化較易適應。之後設立的北平市公務管理行道樹，由北平市農事驗場主管行道樹事宜，行道樹的重要性也日趨注重。

綜觀中國自古以來行道樹的發展，最初為道路指標及軍事防禦為目的植樹。上古都城主要分布在中國北方，其樹種不外乎是以槐樹、柳樹為主。槐樹不僅能適應北方氣候水土，同時又具觀賞價值。再者，自古以來就有公卿大大樹之稱，作為行道樹及綠化樹種植栽。此外對槐樹的情感與重視，如《晏子春秋》中也描述槐樹的重要性：「犯槐者刑，傷槐者死」。因此在政府所訂立的法令來看，槐樹的重要性成為一種公共的認知。相對的，柳樹的姿態常被文學家作為題材，如詩經內描述「昔我往矣，楊柳依依……行道遲遲，載渴載飢」。由於戰爭頻繁之故，守邊外將士出兵還時，沿著京城川道歸來的道路沿岸種植楊柳情景，抒發思鄉之意。古人以柳樹作為水土保持的樹種，在宋代更受到重視，並廣泛推行。隨著朝代的轉換，自古以來的槐樹思想以及柳樹防堤等，也依舊受到傳承形成一種特殊文化。

第二章
日本行道樹起源

日本古代推動行道樹的種植計畫，起自於中央政權。由於受到外來文化的影響，將果樹種植於道路旁，認為可以提供旅人遮蔭，還可採食等各項好處而廣為種植。然而，行道樹的推動事業卻好景不常，隨著中央政權的波動而受到影響，甚至邁向衰退一途。直到十九世紀初期，才開始導入西洋行道樹計畫與思想，進入制度化軌道。

中國早在周朝時期考慮軍事防禦，行道樹隨著道路開闢而展開。反觀日本行道樹的推動，也與道路制度有著密不可分的關係。在古代作為鄉間的聯絡通道，對於生活在其中的人們而言；為理所當然的環境要素。自另一個觀點來看；道路也凸顯國家集權統治的另一個手段。隨著都城的建設，城內與郊區之間的道路計畫為集權統治的重要策略之一。

❖ 受到外來思潮影響

自七世紀以後，日本受到中國唐朝盛世影響，陸續派出遣唐使尋求先進的技術及文化。由於嚮往唐朝的絕對王權及律令體制，更深感巨大都城可顯示國威。著手計畫都城建設，進而遷都於藤原京（今奈良）為日本古代第一個都市計畫的都城。同時也參考唐朝律令體制，前後任命遣使至唐王朝取經。當時學問僧粟田真人被派遣至唐王朝，參與了武則天的宴會並觀摩長安城的修建，目睹了當時街道與庭園設計。因感受先進的都城景觀的文化，更是急於吸收唐王朝的文物、政治體系等並計畫於國內推動唐化政策。此時期的國內體制，可以說充滿了國際色彩。甚至當使節回到日本比對長安都城的樣貌，萌生模仿長安都城建設的決心。

受到唐化的影響，八世紀初期的平城京是仿隋唐長安城而建。整體都城規模東西約四・三公里、南北約四・八公里為長方形都城，中央為寬六十至七十五公尺的朱雀大路。朱雀大路；猶如飛機降落時的跑道寬度般寬大，左右分別為東坊西坊區隔，正前方為羅城門。雖然都城面積僅有長安城的四分之一，已為古代最進步的都市計畫。都城內的行道樹，主要參考長安城內的規畫，於道路兩側設置排水溝並種植柳樹、槐樹等樹種。儘管槐樹並非日本原生樹種，為了模仿唐朝，都城也嘗試植以柳樹及槐樹。平城京內的行道樹種植記載闕如，可以據考古發掘的木簡上記載的「左京五条進槐花一斗八升」以及詩歌「春日爾張流柳乎取持而見者京之大路所思」的描述窺見，進貢時以槐花一斗，相當於八公升，而詩歌中說明春天柳樹展芽姿態，取柳芽欣賞時，想起奈良都城大道。不論是槐花或是春天楊柳新芽，反映了平城京仿唐的街道景色。近年考古，還發現道路側溝遺跡上出現花粉，可見當時除了槐柳，還有木槿及苦楝等樹種。

COLUMN

唐朝庭園的影響

唐朝為中國庭園史上的全盛期。當時庭園主要分為皇家、私人、宗教設施。唐朝著名代表的皇家庭園，於洛陽的西苑，其他大明宮等三處於長安。宮城以外還有離宮御苑，私人庭園還可細分為都城內私園與郊外別莊。

唐朝庭園主要栽植的樹種，為松樹。松樹自秦朝以行道樹展開種植。到了唐朝，隨著造園技術的發達，松樹在庭園也扮演重要角色。松樹在庭園的種植形式，不同於行道樹種植手法，分為列植形式及以樹林方式、入口處的左右對稱，甚至庭園主木的單植形式。松樹以外，梅樹及桂花等花木也盛行於庭園內植栽。如遣唐使時期，自中國導入梅樹，象徵了當時唐風文化。其他如桂花也經由遣唐使的僧侶帶入日本，與梅樹同廣泛種植於貴族的庭園。

❖果樹行道樹——來自法師的慈悲

行道樹的種植，除了與都城及道路建設有關，還與佛教傳來有著深厚關係。日本佛教，發展至今已經有一千四百多年的歷史。最早於六世紀時自百濟傳入，隨著佛教在日本生根發芽也間接受東傳佛教的影響，經歷了一個從學習模仿到借鑑創新的漫長過程。自七世紀開始將佛教列入國策後，卻因僧侶墮落、大量農民為避免課稅而剃度為僧，嚴重影響國家的經濟基礎。政府面對這樣的紛亂與腐敗，也亟欲導入戒律僧的系統重建佛教的紀律。為了革新重建，自隋唐時期開始陸續派遣使者前往中國，目的以招聘戒律僧到日本宣傳佛法。

在歷經遣唐的一段外交停滯期，於八世紀初再度派遣第九次的「遣唐使」前往唐王朝。此時正為唐朝開元盛世，社會經濟高峰時期。當時任命為遣唐使的普照法師以留學僧身分，耗費近二十年時間尋找聘請戒律僧至日本。然而，這段期間也讓普照法師感受洛陽長安的建設繁榮。依據文獻記載，描述長安與洛陽的都城景色：「二十八年春正月，兩京路及城中苑內種果樹」，唐朝致力於道路植樹，令種植果樹於長安至洛陽之間的聯絡道路。想必留學僧也在此過程，目睹了當時國際大都市洛陽、長安的街道風貌。普照法師於任務結束歸國後，還曾上奏孝謙天皇建議道路栽種以果樹。此建議為當時行道樹的創舉，因此政府也首次依法推動種植。如法令文獻《類聚三代格．卷七．牧宰事》記載：「國內七道諸國於驛路兩邊遍種果樹一事 右東大寺普照法師奏狀稱，道路百姓、來往不絕、於樹旁供休憩、夏遮蔭以避暑熱、飢餓時供食用、願外城道路兩邊、栽果樹樹木天平寶字三年六月廿二日」。所謂七道；即東海道、東山道、北陸道、山陰道、山陽道、南海道、西海道等為國道，於路旁種植行道樹。這七道，除了九州的西海道以外，其他皆為都城出發的官道。當中上千公里的東山道，也稱為納稅之道是人民背負稅物前往納稅所必經之路。自各地前往京都進貢的農民，主要是利用這些主道往來，為了緩和路途的辛勞，栽種果樹以勞飢渴及飽腹之用。除了法令文獻，十八世紀所編輯的國史《續々群書類從》記述大安寺普照法師傳，內容也提到「城外道傍亘栽果樹，何者行人往來，熱則就蔭飢則啖，實得輔聖化類」。說明了種植果樹的主要理由，除了提供樹蔭供人休憩，還可以讓往來的旅人可飽食。儘管普照法師說明道路兩側為果樹，並非所指行道樹。但是就型態上而言，作為道路的設施，種植樹木為列狀的植栽形式；可以說是官方推動行道樹的起源及開始。

普照法師建議行道樹植栽，實為來自中國唐朝的行道樹制度而來。除了都城仿效唐朝的榆樹、槐樹，郊外聯絡道路卻是採用果樹，主要有兩大理由。其一，日本自古以來習慣在路旁種植柑橘果樹類。當時並無提供來往旅人飲食救濟的設施，僅提供軍人、旅人休憩的場所而道路卻缺乏可避暑的空間。其次，普照法師曾目睹當時旅人悲慘困境，深感救濟路途來往旅人的必要。當時百姓，因政府運輸的需求而多被徵發勞務，有些甚至於途中餓死、病死出現各式各樣的慘狀。對法師而言，於道路種植果樹是利益人民之事。儘管道路植果樹的樹種文獻不明，但依文獻記載的推測，可知為柑橘類、枇杷、柿樹等果樹。再者，普照法師派任為「遣唐使」前往中國唐朝留學，目睹長安街道的綠化，不免也心生起都城也要種植行道樹的想法。

日本的道路植樹的創始，起自於僧侶的慈悲心種植以柑橘、柿、栗樹為行道樹。古代行道樹的推動，猶如文物般自中國唐朝輸入。在這來往佛教的交流之中，也藉由佛教的輸入而輾轉進入日本。

❖ 都城行道樹興起

八世紀中期以後，平城京迎接最後一任天皇，為著名的桓武天皇，面對佛教勢力的強大以及貴族與寺院相繼介入政治，使社會動盪不安引起動亂及政變。面對不安的局勢，桓武天皇著手進行軍政改革並仿效唐朝長安都城規畫，於八世紀末遷都平安京（今京都市中心），並將寺院及舊有的勢力留在平城京。

平安京位於京都盆地內，具備良好的地勢條件。都城整體東西四．五公里、南北五．一公里以朱雀大道為中心分為「左京」與「右京」的棋盤狀都城規畫。都城內街道，依據十世紀時所編纂法令集《延喜式》就出現詳細記載。主要將道路分為三種；大道、小路、小徑。其中的大道又分為五個等級，朱雀大道寬為八十四公尺、其他南北走向為五十一公尺、二十四公尺等等級劃分。關於植樹也記載：「凡神泉苑廻地十町內。令京職栽柳。町別七株」。在此所指的神泉苑，位於左京的位置，附近種植柳樹為左京職的重要任務，而左京職為當時警察單位。一町即四十丈，也就是一百二十公尺種植約七棵行道樹，各樹間距離約七、八公尺植柳樹於道路兩側的側溝旁。這也說明政府推動都城植樹，於朱雀大道植柳，更提出植樹間隔依據為當時植樹系統手法。由於平安京參考唐朝都城而規畫，仿照以植柳以外，也在其他道路上種植槐樹及櫻花樹等樹種，並要求道路打掃工作以保持植栽環境整潔。

繼桓武天皇的平城天皇，在位時間儘管短短三年也非常關心道路植栽事業。尤其，面對道路樹木的破壞不斷，下令路旁樹木提供綠蔭，行人休憩，果實供旅人食用，嚴禁破壞等保護相關政令。之後的嵯峨天皇更是極力推動唐風文化，自儀式、服裝以及城門名稱都仿效唐朝，還將唐洞庭湖的意象導入離宮內的庭園，致力於庭園綠化事業。嵯峨天皇即位後不久後，有感於道路植樹的必要性，命都城與地方的道路兩旁種植果樹，不准破壞使其生長旺盛，更不能隨意盜採以保留提供旅人所需。可以想像當時行道樹種植已逐漸擴展至郊外，成為一般設施並列管於政府。儘管路邊樹木，並非我們想像中規律整齊並排的行道樹，但也強調道路樹木所扮演的機能及重要性。

平安時代的都城，在唐朝思潮之下帶給建築、植樹綠化等都受到很大影響。其他，如交通也導入中國的馬車，有別於初期以牛車為主。因社會經濟文化的發展，平安京漸漸形成繁榮的都市。當時許多貴族外出，主要乘坐以豪華二輪車的牛車以便於來往，而大道上就無法避免牛糞以及放牧食害的問題。面臨植樹的破壞，政府也亟欲提出對策如律令條文《延喜式》中記載，「守朱雀樹四人……依前件雇使，功食以傜錢充，其食人日米一升二合，鹽一勺」。說明為了保護朱雀大道的行道樹，命四人看守避免斷枝受害，供給米及鹽。不僅如此，法令文獻也描述，「每個城門配士兵十二人，堅守朱雀大道並巡視，目的以防止柳樹受到摧毀、折損，委請右京職負責監控管理。」可知行道樹的保護意識已結合制度，如近代警察巡邏看守一樣列為控管。城內樹木的種植由建造宮職所負責，因樹木不斷枯損，交付於左右京職等道路警察執行管理。

平安京的街道景色，延續平城京種植柳樹思想。當時詩歌也描述，皇城前朱雀大道，楊柳夾道景觀。之後，著名的素性法師於詩歌描述都城景觀，「望眼看去，柳樹與櫻花參差其中」的景色。除了柳樹以外，也嘗試種植櫻花樹於道路旁。因嵯峨天皇特別獨愛櫻花，於庭園種植不少櫻花樹。相對於都城柳樹與櫻花樹，郊外的官道是以桃栗果樹為主，呈現強烈對比。

平安城朱雀大道規模，雖不比唐朝長安一百五十公尺的宏偉，但也符合當時古代國家的大道象徵。平安京的羅城門，自十世紀開始受到暴風雨吹襲傾倒就未曾修復，朱雀大道漸漸衰落。同時因道路寬敞也成為牛馬放牧的好場所，以至於朱雀大道漸漸失去昔日的風采。早期行道樹的推動，是基於旅人來往方便的交通設施。之後對於道路寬幅、樹種規畫已不同於一般道路的果樹栽種，反而著重於都市美觀的呈現。不論是唐朝的長安、洛陽或是平城京及平安京，行道樹的目的可以說是為示現王權的都城景觀，也是古代都市計畫的思想要素之一。日本自中古世紀以來，受到中國唐朝的政治、社會、文化等刺激導入行道樹種植。十世紀以後因律令制漸漸崩壞，行道樹制度終朝向廢敗一途。

COLUMN

賞櫻

在日本，賞花的起源眾說紛紜。回顧過去歷史，自唐朝傳入的梅樹，深得貴族喜好而廣植欣賞。當進入了平安時代（唐宋），貴族們也開始轉換為櫻花樹。

西元八九四年，當遣唐使遭到廢止，此時也逐漸脫離梅樹的主流趨勢，轉變為日本自古以來的櫻花樹，進而成為春天代表樹木。在當時的櫻花宴，可以感受宮廷內對櫻花樹的重視。甚至對櫻花樹的描述，如平安時代的《源氏物語》、《古今和歌集》等都出現許多詩歌的記載。就當時的貴族而言，櫻花樹同時也象徵春天的花，深受喜愛。

貴族們是以賞櫻為主，相對的農民卻是其他目的而賞櫻。以農民立場，春天的到來即農務展開的季節。作為農諺木以掌握育苗播種時期以外，也藉由賞櫻的儀式舉行五穀豐收的祭典。到了十七世紀以後，賞櫻才漸漸普遍於一般民眾。

❖戰國時期——一里塚

十一世紀以後隨著中央政府的勢弱，枯損的行道樹無法補植、維護及管理，漸漸失去了盛況及景色。進入戰國時期後，為日本文化的黑暗期，各項制度的廢弛使道路設施、行道樹處於停頓狀態。就在這五、六百年期間，因內亂而行道樹相關記載闕如，只有部分神社參道及城郭往返道路植以行道樹的紀錄。這也顯示；因戰亂局限於特殊重要場所，作為增添景色。

經過漫長的黑暗期，直到十六世紀織田信長統治天下，才再次啟動行道樹種植事業。織田信長如同近代經濟學家，將道路修造視為推動經濟政策之一環。由於戰國時代為以下剋上的局勢，換句話說，下位的武將時時刻刻尋求打倒上位，以取得權位及權勢的競爭時代。這也使各地將領急於守護領土，並處於防備狀態。反而織田信長卻積極著手築城及道路修造，以求便利性而非防守是為當時的創舉。織田信長掌權後，立志擴大改修道路，自安土城（織田信長的居城、政權中心）通往都城，沿途山路及岩石，連馬都難以通行情況下實施道路擴寬、截彎取直使物流得以運輸。同時也訂立道路寬度，如幹線道路以六．三公尺、小路為五．四公尺並於道路側種植松及柳。關於行道樹推動事業可見於《信長公記》中記載：「使坡道緩和，將阻礙岩石清除擴寬道路。道路寬度以六．三公尺，兩側種植松及柳樹（信長公記）」。安土城可以稱為近世最早的城郭，於標高二百公尺點上築城，環繞石垣以防守。

對織田信長而言，道路建設一方面促進經濟，還可迅速派遣軍隊並提供居民等行旅方便。還考慮行人舒適安全，令種植行道樹並設置可飲食休憩之處，配合打掃維持環境及景觀。採用松樹、柳樹，也種植果樹、櫻花樹等強調道路景觀的效果。另一方面也著手推動一里塚種植計畫；即於每一里（約三．九公里）設置一土丘約三公尺，種植松樹等樹種作為道路里程標示。這樣的創舉，也影響其他戰國武將，如上杉謙信於領土（今新潟縣）內展開行道樹種植以松、柏、橡樹、漆樹等為一里塚。過去古代王朝，行道樹種植多以果樹。戰國時期也出現大幅的變化，採用以松樹、櫻花等樹種。目的並非如古代以提供道路飢渴救濟，僅單純提供旅人休憩場所，同時增添道路景致。

COLUMN

戰國時期的植栽技術

戰國時期，不論是武將或城主皆重視綠化並於各地展開庭園種植。如織田信長因推動外交，邀葡萄牙天主教傳教士路易斯・弗羅伊斯入城內。據傳教士描述，庭園栽種的樹種以果樹類、松樹及杉木等種類眾多。樹形修剪展現各式各樣形狀如牛、馬、孔雀等形狀，稱為西洋式整形修剪。由於受到葡萄牙及歐洲之間貿易的影響，也輾轉傳入日本。繼織田信長的豐田秀吉，於大阪城種植杉木、松樹及柳樹，而在自身官邸聚樂第卻種植松樹及棕櫚樹。棕櫚樹自宋朝時期傳入日本，在戰國時期種植於庭園內以作為誇示財力與權勢。

戰國時期也為樹木、名石競相掠奪的時代。為了奪取珍貴樹木，不惜徵收寺院收藏的名木、老樹。因此，間接的提升移植技術及適地適木思想。例如在移植過程中，強調根系切口的外科處置以提高防腐效果等。此時因環境的需求，開始出現移植種樹的專門家。不僅如此還考慮栽種時配合樹木本身性質及特性，基於適地適木種植。換句話說，樹木種植技術已出現自然科學的觀點看法。日本的現代樹木修剪技術基本，可以說是自戰國時期開始因社會需求而蓬勃發展。

❖ 江戶時期——行道樹基礎建立時期

江戶（東京）自十七世紀開始，德川幕府建立政治體制後，隨即推動築城及土木道路工程以鞏固權力。主要以幹線道路為核心，也就是國道、省道的概念。在此同時，一里塚推動也是受到織田信長的影響。然而，比起實用性更重視景觀的裝飾，這一觀點卻是與八世紀都城的景觀思想相同。尤其將軍本身致力於行道樹事業，更能誇飾武士階級的地位。行道樹事業，因江戶時期大規模推動，部分即使受到時代的變遷，還依舊保留至今帶來深遠的影響。

德川家康入主江戶後，便展開全國建設並發布天下普請。所謂天下普請，為幕府命令各地大名協助土木工程。自古以來江戶為廣大濕地，幕府面對不利的地理環境，亟欲推動全國交通建設如水運、道路修築，因此發令天下普請而全國總動員。行道樹推廣事業，於江戶初期史料《慶長見聞集》記載中，描述「年久未入治平之世，各國動亂，邊境道路狹隘未修治，以擴展道路去除小石便於牛馬通行，並於大道兩側種植松樹及杉木，河川架設橋，大河以舟船渡，使國內、民間來往。」因長期戰亂影響而交通中斷，故以江戶為中心展開全國大小街道的道路修築。過去以來道路種植柳樹、櫻花等主要以樹種為主，轉換為松樹及杉木。因考慮常綠樹種提供綠蔭，冬季還兼防風效果。還下令保護行道樹措施，明訂「路旁樹木不可攀折破壞」等保護政令。關於一里塚的規畫，也延續織田信長時期的一里塚思想；如「江戶到各國的道路上，設置一里塚並安排巡守看顧」。即以江戶為中心，道路寬九公尺、每九里設置一里塚並種植大樹以記錄道路距離。儘管織田信長時代已推動一里塚事業，但尚未全面展開普及。進入德川幕府後，才更加確立道路標示制度。一里塚採用的樹種於「宿村大概帳」紀錄著，主要以朴樹為主，其次為松樹、杉木、櫻花、栗樹等，即使到了今日也有部分依舊被保存。

德川幕府推動行道樹事業不遺餘力，而十七世紀以後行道樹事業更是達到一定規模。當時來自德國醫者恩格爾貝特・肯普弗於西元一六九〇－西元一六九二年考察江戶後，撰寫《日本誌》就提到行道樹景觀；說明道路整潔、路標清晰、通行具規則且規模浩大。德川幕府修築道路，對於道路樹木的重視不僅在機能，更重視於景觀效果。這與將軍本身推動樹木觀賞也有很大關係。幕府中期以後，因財政困難並認為改革須運用民間的活力，進而推動櫻花種植的賞櫻計畫。德川吉宗時，著手大規模櫻花種植於隅田川河邊，鼓勵人民賞櫻以促進經濟活力。同時也考慮道路安全，設置「町奉行」，也就是警察或消防局機關的概念。之後，命令各地武士設置道路及行道樹管理單位以執行作業。如發現行道樹枯損需要補植，在補植文書中詳細說明種植的方法、樹種、樹形等。當中，面對幹線道路的行道樹保護公文；更是強調行道樹出現枯損、風害等須補植的重要性。種植時，考慮苗木大小並配合道路寬度，避免枯損應自小苗開始培育種植。這樣的樹木植栽概念，即使到了幕府末期，行道樹管理的政令也不曾間斷。由於早期推動政策，各地樹木也面臨百年樹齡，枯損補植管理也就更為頻繁及沉重。據文獻記載：「五海道（東海道、中山道、日光街道、奥州街道、甲州街道）往返的行道樹，受到藤蔓類覆蓋，逐漸枯損」，強調行道樹的養護管理需求，足見幕府已無法應付管理狀況而陸續出現枯損。而一里塚，自幕府中期以後也無暇兼顧以至於多為荒廢狀態，不僅樹木枯損就連土塚也多遭損害。

德川幕府面對各地將領的勢力，自十七世紀制定參勤交代以一年為原則，強制各地的大名前往江戶替幕府執行政務一段時間，之後再返回自己領土。這樣的交代制度，動輒百人甚至上千人的大移動，所耗費的日數及路程，道路設施就更不可欠缺。而一里塚的推動，增添景色同時也提供旅人綠蔭休憩。隨著江戶經濟的繁榮，物資及交通量的增加，一里塚也扮演道路重要設施。德川幕府獎勵推動一里塚與行道樹事業，最大目的是為了耗費大名財力，藉由樹木管理經費的消耗，有助於削弱大名的手段。

德川時代行道樹主要以松、杉等針葉樹種為主，考慮環境衛生及景觀，不同於過去果樹行道樹的概念。行道樹作為交通道路上的附屬品，儘管封建制度崩壞後，因幕府的用心至今依舊可窺見當時的道路景觀。

COLUMN

日光杉並木街道

日光杉並木街道被列為世界著名的行道樹道路。德川家的家臣經歷兩世代，自西元一六二五年開始耗費二十多年的歲月種植杉木行道樹。如此宏偉的行道樹種植，目的是為了寄贈德川家廟的東照宮。在當時著名的東海道是以松樹為主，而日光街道卻以杉木。由於東海道為海側的道路，相對於日光的山側道路而種植杉木。再者日光街道的地質土壤為排水、保水性優渥的土壤，濕潤環境更適於杉木生長。據文獻記載，最初種植約五萬棵杉木。二十世紀中期以後，初步調查杉木現狀數量約一萬六千五百棵。近年來，因颱風枯損、環境惡化、交通量增加及樹木老化，僅存一萬兩千五百棵。整體杉木平均樹齡約四百年，可以說是自然歷史古蹟。

日光杉並木道路經歷高度經濟成長期，而曾經面臨荒廢危機。不僅如此，道路的鋪設柏油、交通量增大更是直接嚴重壓迫根系，導致日益衰退。為了永續杉木的健全性，政府自西元一九九六年開始進行杉木的保護計畫，目的以取得道路與樹木之間的環境共生。首先，將道路鋪裝撤除，並於道路下方設置防壓結構以提供根系伸展空間。之後，進行土壤改良以確保根系健全生長。經過多年的養護，日光杉並木逐勢恢復健全性，重現昔日之姿。

面對百年行道樹，如何取得自然共生確實為一大難題。將日光杉並木道路引入防壓結構工法，目的為道路與樹木共生的一種特殊工法。因道路的開設，行道樹根系的伸展也成了與人爭地之象。而在台灣，高雄佛光山面對工程與老樹的共存，首度引入防壓結構工法以保護深具歷史的雨豆樹。目前雨豆樹也同日光杉並木一般健全生長，邁向下一個百年。

上｜日光杉並木道。

下｜高雄雨豆樹運用防壓結構工法護樹。

COLUMN

西原一里塚

此為東京僅存兩處一里塚之一。江戶時期，自日本橋出發至日光的「日光御成街道」，為日本橋開始的第二里之一里塚，一九二二年被指定回國家史蹟。當時，因西原一里塚附近為電車軌道的區域範圍內，隨著道路擴大而決定撤除。之後，因當地居民的反對運動而順利保存下來，目前為二代木。

西原一里塚。

❖ 近代行道樹推動

日本自江戶時期開始，積極吸收外來文化。然而卻在十七世紀初，因基督教宣教引起特殊事件後，鎖國兩百年之久。在此期間，除了荷蘭對宣教不熱衷以外、其他國家，如中國（明、清）、朝鮮王朝、琉球王國等依舊持續彼此之間的貿易活動。

正當十九世紀中期，美國為世界第一捕鯨大國並計畫在太平洋活動，急於尋求日本提供燃料、食物及救助等支援。當美國黑船到達橫濱時，即強烈要求開港並迫使幕府締結通商條約，引起社會混亂，這也促使日本走入明治維新一途。面對美國的脅迫，橫濱於一八五九年開港；為確保居留地而開通港口間的道路。關於道路記載於《橫濱市史稿‧地理編》提到，一八六七年三月「馬車道大道開通時，各家商店競相競爭種植柳及松於街路，行道樹種植一望無際的規模」。在當時馬車道寬約二十公尺，預留六公尺為步道，是日本第一條近代道路，之後也稱為近代行道樹發祥之地。

然而，日本面對開放門戶後，又持續受到外來影響，國內接連的倒幕運動更是如火如荼的展開。一八六八年進入明治時期，政府也將「江戶」改為「東京」結束了歷經二百六十年的江戶時代。明治政府對於江戶時期所推動政策如樹木保護、禁伐採、補植、植栽管理等，即便到了明治時代依舊持續執行，對行道樹的保護更為重視。另一方面，繼橫濱馬車道後，東京也開始意識到行道樹計畫的重要性。自江戶時期

近代行道樹發祥之地。

開始此東京就經常發生火災，而明治初期經銀座大火一燒，東京精華地帶近九十五公頃遍成焦土。明治政府深感首都發生火災的無力，也意識防災的重要性。於是在銀座大火後隨即展開洋風街區計畫，擴大道路並採用英國人的街道設計；接著又將道路分類及規畫步道上的行道樹。可惜的是，對於行道樹規畫並未如預期積極，儘管道路兩側預留人行步道，因步道為磚塊鋪設，自然的將行道樹種植於泥土鋪設的車道上而造成生長不良。採用的樹種以當時熟悉的松樹、櫻花樹、楓樹，不久後因枯死眾多，最後改植生長耐性高的柳樹。

洋風建築的風潮，自十九世紀中期開始更積極吸收，並試圖導入歐洲行道樹思想。雖然江戶時期規畫的日光杉並木道等已具備行道樹的規模，但對於行道樹的概念也止於道路樹木，遠遠不同於西歐的近代行道樹規畫思想。為追隨各國行道樹潮流，

銀座近代行道樹。（圖片來源：紐約公共圖書館⓪）

當時農學專家津田仙參與維也納萬國博覽會後，將歐洲行道樹的種子取回育苗，嘗試種植臭椿、刺槐等，並試植於皇城壕溝附近的道路。然而種植不久後，因欠缺養護，同時遭受風害而枯損多，又再度補植柳樹、槐樹。儘管導入的結果不如預期，卻是日本行道樹計畫首次採用外來樹種，也是近代行道樹種植的開始。十九世紀的種種嘗試，也考驗了日本行道樹管理體制，直到十九世紀末制定的「道路樹木植栽的規定」才得以確立，更詳細說明種植目的、都市美觀、樹種與植栽間隔等記載，以及適合的樹種，如櫻花、柳樹、楓樹等。

東京在行道樹種植的推動之下，十九世紀中期以後以柳樹博得最高人氣。因地理氣候因素，生長較為適應，卻因修剪手法不良善，造成景觀問題而引起社會輿論。二十世紀初期，東京市的技師長岡安平就指出行道樹種的選擇，說明東京市的行道樹以柳樹為多，其次為櫻花、楓樹。柳樹因枝葉下垂容易影響通行，葉小又細無法提供綠蔭。相對的櫻花雖可供花期景觀，但容易病蟲害並不適合作為行道樹。長岡提出行道樹種的條件，必須符合氣候環境、耐大氣汙染、病蟲害少、葉子大、

東京市內最早行道樹。

不具惡臭等。於是篩選新的樹種並增加苗圃培育計畫，委託林業試驗所訂立行道樹計畫方案，提出行道樹改良案為日本首次行道樹計畫。主要計畫以選定適合樹種如銀杏樹、槐樹、唐楓、光蠟樹等同一區域、同一路線栽種相同樹種、統一樹形，同間隔栽種。並以西歐都市為目標，採用許多外來樹種，陸續種植近兩萬株，規模浩大。此計畫，原本以原生樹種，卻選擇國外樹種。因東京舉辦日本大博覽會，選擇以短期內可增殖且生長迅速的樹種，未來再改植為日本原生樹種的計畫。意外的是；其他縣市接連仿效東京所採用外來樹種風潮，以至於普及全國。

有關行道樹的管理，政府也與民眾漸漸取得共識。一九〇七年以前行道樹的植栽管理為政府與居民雙方並進，採用原生種櫻花、松樹及楓樹等，居民積極參與度高。之後通過改良案法令，行道樹的管理以政府為主軸，居民的管理權也逐漸被替代。

一九二三年因關東大地震，東京受到毀滅性的災害，行道樹幾近六成嚴重燒毀。隨即展開帝都復興計畫，相較於過去的規畫，復興計畫將行道樹列為重要防災意義。也就是基於樹木機能，防止延燒、還具備綠地的防災效果。因此設定道路寬二十五公尺以上，一律種植兩側行道樹並預留四公尺以上的步道空間。復興計畫前後種植約二萬四千棵，自實驗育苗樹種之中篩選銀杏、法桐、唐楓、柳樹等。之後因都市美運動的展開，將「道路樹木」改稱為「行道樹」，首次將道路樹木定位，並陸續推動普及至其他中小都市，採用原生樹種。然而進入第二次世界大戰後，綠化成果也遭燒毀而付之一炬。燒毀剩餘的行道樹，更因燃料不足及盜伐而更受打擊並進入了荒廢停滯狀態。

COLUMN

銀杏樹耐火特質

銀杏，首次出現於古生代後期的二疊紀（約二億九千九百萬年前－約二億五千一百萬年前），恐龍時代的侏儸紀時已分布全世界。然而，卻在中生代後期的白堊紀末期，自南半球逐漸絕跡。之後新近紀（二千三百零三萬年前－二百五十八萬年前）時期，逐漸於北半球各地絕滅。據說現生種的銀杏僅存於中國，而在中國浙江省也對於野生種個體群進行保護措施。

日本的銀杏，隨著佛教傳入而導入種植於寺院。二十世紀初期行道樹改良方案的推動，計畫是以外來樹種為主。銀杏樹，卻未列入行道樹的樹種名單之內。直到一九二三年關東大地震的發生，東京超過十六萬戶的房屋被燒毀而行道樹也達六成以上並燒成木炭。面對眾多樹木的燒毀，唯一僅存的銀杏卻能殘留，同時還發現可抑制延燒的特性。即使到了今日，受到燒毀的銀杏，歷經近一百年也依舊聳立著。震災後的調查，發現銀杏樹可耐火的特色，因此東京也將銀杏樹列入行道樹名單，並廣泛種植。

銀杏耐火的最大特徵，在於枝葉含水量高。因此面對火災的發生，環繞的銀杏樹可緩和火燒的蔓延，增加避難時間。

❖ 行道樹受難與復活

一九四五年戰爭結束，東京行道樹因空襲而嚴重遭受燒毀。原本戰前還超過十萬棵以上，戰後卻只剩下兩萬多棵並呈現毀滅狀態。面對戰災，政府立即推動戰災復興計畫，通過特別都市計畫法積極推動都市建設。依據戰災復興計畫，考慮將來防災與交通量的增加，將幹線道路寬度擴大以五十公尺以上，中小都市以二十五公尺以上為基準。五十公尺種植以四列行道樹，而一百公尺寬道路為四列、六列的行道樹規畫，植樹帶寬以三公尺以上。然而行

道樹整治計畫卻在一九四九年無疾而終，為考慮經濟安定而特別將綠地及步道寬幅縮小。之後，更因為交通量的不斷增加而調整道路法令，規定超過十六公尺以上的道路，預留三．五至四．五公尺的步道寬度種植行道樹。儘管政府急欲推動行道樹計畫，但是戰後十年之間行道樹事業卻是處於停滯狀態。一九七〇年代以後，受到都市美化意識興起後，連帶行道樹才再度復活。

戰後因經濟的發展，過去的道路法令也不敷需求。政府於一九七〇年再度發布道路法令，規畫四種類型道路並劃分等級。其中四十公尺的大道必須種植行道樹，預留四．五公尺步道與植栽帶。其他，如二十二公尺到二十八公尺的四線道路，也一律規定種植兩列行道樹，預留四公尺步道與植樹帶。其他兩線道路也必須種植行道樹，預留三．五公尺步道。面對都市環境的惡化，政府為改善環境將步道、植樹帶、側

1955年東京車站。（繪圖：生田誠氏）

道等規畫以創造舒適安全的綠地空間。行道樹也成為生活環境改善之重要措施。

戰後，主要植栽樹種以法桐、柳樹、櫸木、櫻花、銀杏、唐楓等。一九六〇年代以後，也受到歐美行道樹影響陸續導入櫸木與榔榆。而東京都自十九世紀展開行道樹種植約六千棵，到二十世紀末為止約二十五萬棵。因改良案的推行採用的外來樹種，戰後也大量承襲以外來的落葉樹為主。早期推廣的原生樹種如櫻花、柳樹、櫸木、黑松等，於一九七〇年又開始再度導入。反觀郊外行道樹，考慮交通環境公害，採用以常綠闊葉樹，如樟樹、楊梅、青剛櫟等。

近年來東京面對二〇二〇年的奧運，日本的都市與世界各國都市相較之下，行道樹的數量顯然少且管理狀況並不健全。儘管在降雨量等各方面氣候環境，適於樹木生長。然而卻充斥著水泥、電線等人工建築景觀，僅有部分區域能呈現良好的行道樹景觀。這是由於戰後面對高度經濟成長，因人口不斷增加趨勢而選擇了經濟發展為優先。原本戰前已著手電線地下化，卻為了節省時間與費用而朝向地上設置電線桿，以至於今日面對密集的人工建築物，都市能夠種植行道樹的空間也就越來越少。僅能在狹小的植栽空間種植，原本樹齡可達百年以上，卻短命而枯死。

第三章
台灣行道樹

台灣最早行道樹的紀錄，始於明朝時期。據說當時在曾文溪與官田溪匯流處附近的道路旁種植芒果樹，距今已有三百多年歷史。到了清朝時期，由於對台灣路政並不關心，以至於道路的路況及行道樹皆為未開化之狀態。即使如此，主要道路仍以街為中心，僅可單向或雙向通行牛車及轎子。日本據台後，為求軍事交通便利而動員軍隊趕築道路。初期開築的道路平均寬七公尺，如著名的大稻埕區域。其他三線道路也於一九〇四年拆除城壁，改建約寬三十八公尺的道路。之後，行道樹事業在民政局土木技師田代安定的推動之下而逐漸展開。然而，日本統治末期因進入戰爭期間，軍事需求之下砍伐殆盡；戰後，行道樹事業推動也面臨停滯的狀態。直到七〇年代以後由政府力圖整理，設立行道樹督導小組而再次展開。

❖ 日治初期——行道樹萌芽

台灣自古以來的道路設施，多自地方富豪等出資鋪設。因此在清領時期，道路及行道樹事業並未能有健全的發展。儘管如此，日治初期還是可以在各地見到零星分散的道路樹木。日本據台後的道路狀況，自總督府技師田代安定所著一書《臺灣街庄植樹要鑑》中的描述可知：「日治初期許多道路為牛車通往，行道樹事業還依然處於未開發的階段。更強調面對台灣的氣候環境，行道樹推動的必要性。同時藉由行道樹事業，得以展現殖民地的治理成果」。換句話說，在某種意義上，道路整頓及種植行道樹為誇示國力強盛的一種手法。日治初期為控制台灣，道路工程昰由軍務局動員工兵隊修築。隨著軍政廢除及改制，轉而以民政方式整頓道路並著手行道樹事業。在此同時，日本國內受到西洋近代文明思想的影響，積極推動近代行道樹事業。而殖民政府也在這樣潮流之下訂立「道路樹木的注意事項」，作為道路樹木管理法則及依據。

據台初期各地持續不斷激烈抵抗，加上酷暑疾病肆虐，犧牲不少委派來台的皇族。殖民政府為祭祀故北白川宮能久親王為「平定台灣的神」，於劍潭山興建台灣神社並鋪設敕使街道寬度十四．五公尺，長四公里，供日人參拜之通道。由於考慮安撫人心，採用台灣原生樹種，植栽間隔以七．二公尺為則，種植相

敕使街道。（圖片來源：國立臺灣大學圖書館藏）

思樹及榕樹於道路兩側為日治初期最完善之綠化道路。然而；因人口不斷增加使敕使街道負荷不足，道路機能需求量變大而不得不實施拓寬約四十公尺，設為五線道路；規畫綠島並植栽樟樹。戰後，敕使街道改名為大家熟知的中山北路。

COLUMN

相思樹

相思樹為菲律賓原產喬木，分布於東南亞、台灣等地區。相思樹的故事，在東晉史學家干寶所撰寫的怪異故事小說集《搜神記》中即有生動的描述。春秋末期的宋國君主宋康王，看上小官韓憑的妻子何氏並想占為己有，因此不顧一切的將韓憑囚禁。為此韓憑夫婦雙雙殉情自殺。何氏在殉情時留有遺書，望能合葬。宋康王為此大怒，故意讓他們的墓遙遙相望。不久後，便出現兩棵大樹於墓塚兩端，生長迅速，十天內樹幹長成一抱之粗。兩棵樹的樹體歪曲且相互靠近，根系纏繞、樹枝交錯。之後還出現一對鴛鴦在樹上休息，交頸悲鳴，令人十分感動。宋人都為此叫聲而感到悲哀，於是稱此樹為相思樹。

❖ 三線道路——東方小巴黎

所謂三線道路為現今的愛國東西路、中華路、中山南路、北平西路。日本領台後即公布市區計畫方針，主要以台北城內為主。藉以擴大市區為由，決定拆除清朝時留下來的城牆，計畫以寬約四十五·五至七十二·七公尺的三線道路。所謂三線道路；中央為快車道，兩側分隔島種植行道樹，若以路寬約三十八公尺來看，中央快車道約二至四車道。當推動都市計畫時，民政官後藤新平指示技師尾辻國吉，說明三線道路的行道樹設計要如同「法國凱旋門之香榭大道」的概念。然而，尾辻技師面對拆除後的城壁遺跡規畫，參考同樣為城壁遺跡的德國東部萊比錫的散步道。三線道路於一九一三年陸續完成，據當時台灣日日新報的描述；如同歐美行道樹以步車區分，兩者之間以四公尺細長條狀的綠帶種植行道樹。其中如西、東、北三線

東三線道路。（圖片來源：國家圖書館提供）

都採用四列式；而南三線是採用六列式行道樹植栽。各個路線以列植，因北三線、西三線及東三線為相同寬幅，於道路兩側種植兩種以上的行道樹。其中東三線（中山南路）還配合環狀道路計畫稱「Ring Garden」，為三線道路中最美一段，別名東方小巴黎。南三線於日治時期為最寬大之三線道路，後稱為逍遙道路。

根據三線道路的植栽記載，北三線主要種植大葉合歡、茄苳等樹木。因常受到風害，間植了蒲葵樹。之後因合歡樹形為傘形較為廣大，改植以單一樹種。其他，西三線及東三線皆以榕樹蒲葵混植，也因為生長不良而陸續替換樹種如楓香及大王椰子。而南三線，初期混植茄苳、金龜樹等樹種，也在後期改植茄苳。換句話說，在植栽初期階段主要以各種樹種混植，以至於道路景觀雜亂、生長不良而不得不改以單一樹種。顯然面對管理，還尚未能確實掌握現況。自採用樹種也可以窺見，殖民政府以原生樹種的榕樹為主，混植卻以日本本土的蒲葵，也不乏感受殖民政府的植樹策略。儘管三線道路在殖民政府的推動下，為日本國內外的創舉。然而，面對養護管理，如樹形難以維持、修剪技術不充分、未確保植間距離，過於密植等為極大考驗。如採用的修剪法各式各樣，導致大小參差不齊的行道樹景觀，蔚為話題。儘管受到各界的批評，三線道路在都市景觀改善仍為重要象徵。同時也建立了行道樹計畫制度的基本輪廓，成為台灣近代行道樹文明。三線道路的計畫在當時為首要的林蔭大道，對日後也提供具體示範。

COLUMN

大葉合歡

大葉合歡分布於北半球的亞熱帶／熱帶地區。原產地據說於東南亞、澳洲北部一帶。之後導入熱帶並野生化。其他說法；認為可能十九世紀自埃及帶入，因此非洲地區也出現許多蹤影。

日本據台初期，隨即展開造林計畫，種植樟樹、毛柿、相思樹、紫檀、大葉合歡等。之後，造林方針轉換，以相思樹、大葉合歡為主。這兩種樹同時引進台灣大規模栽培，於一八九六年以扦插方式試植，不久後結實生長旺盛並試植於全島。因生長迅速，又能提供綠蔭而作為行道樹、公園樹等廣為種植。此樹種每年結實量多，萌芽能力強，容易馴化也帶給在地很大的生態擾動。樹幹為家具用材，作為薪炭材等利用。枝葉具備豐富的蛋白質，於半乾燥地區的國家也以大葉合歡作為家畜食糧。因大葉合歡適應範圍廣闊，且繁殖力強，也是人類生活所需而栽培的樹種。

❖ 台灣近代行道樹的導入——田代安定

台灣近代行道樹思想的導入，始於民政部技師田代安定。田代安定生於日本鹿兒島。求學階段即前往東京，從於當時著名博物學者田中芳男門下。因精通法語，熟知歐洲殖民地之熱帶植物，因此得以受到重用。之後，農商務省委託田代調查沖繩諸島栽培奎寧樹的可能性，並計畫萃取樹皮治療瘧疾。正當調查結束時，收到田中芳男委任事務官，前往俄羅斯帝國在聖彼得堡舉辦園藝博覽會。會後短暫停留於俄國，而從俄國植物學者卡爾・馬克西莫維奇研究東洋與熱帶植物近半年，之後便留於德國、法國習得園藝學。

日本據台後，田代被任命於民政局並著手民族概況調查，也藉由植物學理論建議行道樹種植計畫，並撰寫《臺灣街庄植樹要覽》作為參考依據。田代基於過去歐洲視察經驗，參考法國都市計畫及植樹技術作為建議提案，如行道樹計畫要領、苗圃事業，強調以科學手法推動近代行道樹的必要性。在短暫停留於民政局後，隨即擔任恆春熱帶植物殖育場主任，持續專注於研究及調查。直到熱帶植物殖育場規程受到廢止，提出報告書後便回到鹿兒島農林學校擔任講師。歷經三年後，再度回到台灣總督府再接任技師時，有感道路植栽管理問題，又再次撰寫《臺灣行道樹及市村植樹要鑑》以提出具體建議。

田代本身除了調查民俗文化以外，也熱心於熱帶樹種的研究。對於行道樹的事業，認為台灣也應如同歐洲、熱帶國家殖民地般的鋪設道路，綠化環境。面對殖民地初期行道樹推動反覆錯誤之下，強調樹種選擇、特性的掌握不充分以至於成效不彰。不僅如此，也未能以專業知識控管，依舊以過去植栽的園藝方法種植行道樹。如：北三線初期植栽計畫，忽視植栽距離的重要性，勉強種植合歡木，雖然可提供充分的樹蔭，卻無法執行正確修剪管理。儘管田代在總督府期間所提出行道樹計畫都未能完全得到落實，卻也間接提示了行道樹事業的基本輪廓。具體如道路等級配植、訂立樹間距離、採用本土原生樹種。其他還建議市街行道樹，採用椰子科及來自印度、新加坡等豆科樹種。地方行道樹以原生樹種如相思樹，苦楝，果樹如芒果，龍眼，波蘿蜜等。強調行道樹育成事業，必須培養相關人才，導入並參考西歐行道樹種植手法，如支架、人車分離、排水溝概念等。藉由苗圃的新設，積極引進國外樹種進行育苗試驗及培育，以科學方式奠定行道樹規畫基礎。換句話說；自道路等級、樹種選擇、植栽間隔、支架等詳細建立一個行道樹事業推行的依據，提示了近代行道樹設計案。田代安定在台期間，斷斷續續長達三十餘年。自台灣植生調查、建立苗圃、撰寫台灣行道樹要鑑等各方面的推動，建立了台灣近代行道樹基礎。

COLUMN

雞納樹

雞納樹為茜草科的一屬，為常綠小喬木。據南美洲原住民的說法，生長於安地斯山脈北部的雞納樹樹皮具有奎寧含量可治療瘧疾。十七世紀初期，西班牙總督夫人使用雞納樹治療瘧疾而廣為知名。因瘧疾的蔓延，歐洲各國藉此掠奪奎寧，展開殖民地的栽培競爭同時也面臨絕滅的危機。十九世紀中期，荷蘭支配下的南美爪哇首度栽培成功，成為主要生產地。反觀日本，在雞納樹栽培風潮之下，農務省也極力展開幼苗栽培。由於育苗成功，田中芳男立即派任田代氏前往沖繩尋找栽培地。因此於沖繩、鹿兒島一帶展開栽培（一八八二）活動。然而當沖繩栽培失敗後，再度於台灣恆春展開試植計畫（一九〇七）。田代氏儘管面對接連的失敗，但在某種程度上也掌握苗木屬性。於是在生涯面對最後一次挑戰的栽培，終於促成高雄首次栽培成功（一九二二）。正當栽培成功之際，田代氏卻已抱著夢想並遺憾離世。因栽培成功的創舉，隔年昭和天皇也曾親自視察。雞納樹為最重要的藥用植物之一，拯救了人類面臨瘧疾的慘禍困境。一般以生長狀況較為健全的雞納樹作為砧木，嫁接奎寧含量較多的小葉雞納樹。雞納樹的栽培以標高一千至二千公尺的熱帶山地、降雨量高的多雨地帶，且排水良好的土壤。主要採取樹皮為主，以七、八年生的雞納樹含有奎寧量最高，超過十五年生的植株含量逐漸減少。採取方式以挖取整株，再分為根、枝幹，以木槌敲打後剝取樹皮。

雞納樹皮含有奎寧、辛可寧等多數生物鹼物質。其中的奎寧於一八二〇年進行分析萃取，並開發為瘧疾使用藥材。截至一九三〇年為止，奎寧為唯一瘧疾治療藥。

上｜雞納樹。

下｜雞納樹的葉。

❖ 台灣行道樹新典範

日治初期推動的行道樹計畫，在後期於各方面也面臨許多課題。尤其，面對養護管理卻顯示了專業認知度的不足。有鑒於此，田代氏又以革新為前提，提出行道樹改革方針。如劃分管理職權並設置行道樹主任掌管事務，訂立植栽技術、設計單位、導入外來行道樹文明特質等。植栽技術方面，提出樹種選擇及植栽距離之設計，並要求主管單位須具備行道樹及園藝相關分野的知識，以便於執行。對於歐美行道樹規畫導入，透過一種比較的方式，說明台灣行道樹事業的必要及設計方向性。如外來行道樹思想，說明各國行道樹植栽的技術特色，分為東洋、印度南洋、西洋類型。根據這三個不同環境所歸納出行道樹的特質，除了美化景觀也在空間上展現近代文明。同時也指出台灣屬亞熱帶氣候環境，參考南洋熱帶地區樹種，推廣

台南鳳凰新道。（圖片來源：國家圖書館提供）

行道樹為刻不容緩的事業。因此在計畫行道樹植栽同時，對於樹種選取更同時考量風土氣候，並透過近代科學技術來經營管理。

田代氏自鹿兒島再度回到台灣總督府殖產局任職時，提出台南鳳凰新道的行道樹規畫看法。台南為台灣最具歷史的都市，受到過去荷蘭等權力支配，行道樹僅於台南官田一帶展開。之後因市區改正展開道路計畫，接著台南廳舍的落成，並開通大道種植鳳凰木。鳳凰新道寬約二十公尺，全長約八百公尺，以單一樹種共一百五十三棵，植栽距離以每九公尺栽種一棵樹；平均樹齡以三年生、樹高約二、三公尺列植。田代認為植栽樣式為統治以來革新的作法，猶如歐美近代行道樹植栽樣式，可以說是台灣行道樹的新典範。

COLUMN

鳳凰木

鳳凰木為熱帶三大花木之一，原產於馬達加斯加島，被廣泛種植在熱帶、亞熱帶地區。於熱帶地區，乾季時落葉，雨季時展葉。台灣於荷蘭時期開始，即導入各式各樣有用植物，如各種果樹、金龜樹、阿勃勒、鳳凰木等，猶如原生狀態，適應能力強、生長良好，然而大量輸入外來樹種並栽培試植為日本統治時期。

後來，田代氏回憶鳳凰木樹姿；說明前往歐洲搭船時行經印度洋，當停留於法國殖民地西貢的港口一帶，映入眼簾為鳳凰木赤紅花海的壯觀景色，讓所有乘客記憶深刻。不僅具備景觀，也適合作為綠蔭喬木。如爪哇市區，便廣植鳳凰木以供樹蔭。在台灣，殖民政府於一八九六年自新加坡領事館寄送種子後，隔年春天展開播種移植。之後作為行道樹樹種，廣泛種植於台南。

COLUMN

老化鳳凰木的治療

鳳凰木在台灣生長適應良好，不乏有老樹、巨樹的蹤影。在草屯的台灣工藝文化園區，早期推廣種植大量鳳凰木。而今普遍樹齡頗高，且多為同一時期栽種。每年夏季，當鳳凰花盛開時，一片猶如火海般的景色吸引了不少民眾的目光。

近年來，文化園區內列植的鳳凰木隨著樹齡的增長、環境變化，開始出現衰退現象。鳳凰木的衰弱，除了依據外觀判斷腐朽、枯損程度，根系也是最直接影響生長的要素。樹冠看似如同大支雨傘般的強壯，根系的細根卻不是想像中的茂密。尤其土壤受到民眾踩踏，長久下來土壤惡化、硬化，接著根系缺氧、吸收養水分受阻，生長也就更加困難。不僅如此，老齡鳳凰木容易出現腐朽、空洞。一般生長快速的樹種，其枝條都較為脆弱。當颱風及強風襲擊，無可避免枝條、樹幹斷裂。若傷口未進行適切處理，腐朽持續擴大進而形成空洞現象。甚至部分鳳凰木因年久腐朽，樹洞的大小還可容納一個人進出。每當下雨，洞內積水潮濕，間接提供了白蟻生存的空間。

面對老化的鳳凰木治療，最困難在於根系的更新。一旦重新整治植栽基盤，根系容易受損斷裂，嚴重時整株枯死。因此，為了減輕治療的壓力選擇以休眠時期進行整頓。同時，鳳凰木是豆科植物本身具備根瘤菌，過度施肥都容易影響樹木生長。二〇二一年腐朽老化嚴重的鳳凰木，經過救治之下，老化根系的再生，一年後重現盛開姿態。

草屯台灣工藝中心救治後的鳳凰木。

❖ 歐美外來行道樹思想

西歐行道樹的出現，早在十六世紀就出現於圓環。因戰亂導致許多圓環相繼毀壞，因此將圓環重新建設，擴大為三線的道路並種植行道樹，儼然成為市民休憩之場所。

法國

法國自十六世紀中期，國王亨利二世下令於國道種植歐洲榆樹。十七世紀以後，開始於塞納河周邊展開植樹計畫，號稱世界最美的街道景觀。除了法國，德國道路及行道樹規畫也毫不遜色。二十世紀初期，歐美各國開始採用石塊鋪裝道路，而德國柏林早已發展為柏油並在主要道路上種植行道樹。反觀英國，倫敦於十七世紀開始規畫散步道路，採用英桐大喬木配植以四列，成為著名的行道樹。此外國土處於低濕地的荷蘭，自古以來也採用榆樹、光蠟樹等作為行道樹。綜觀西歐自十六世紀開始，陸續展開行道樹規畫；首次出現以法令推動為十八世紀以後的法國，可以說為當時最先進計畫。

歐洲自十八世紀中期以後，工業化發展導致都市人口暴增、生活環境惡劣且擁擠不堪。隨著都市持續的發展，中古世紀的都市格局也早已不敷使用。因此各國相繼為都市的成長、改革提出解決方案。其中以法國塞納省省長奧斯曼的「巴黎大改造」最為成功，使巴黎的都市面貌煥然一新。巴黎自十二世紀開始人口不斷增加，十三世紀時人口已達二十萬。十九世紀後，面對百萬人口的擴展，城市街道路繁亂，而不得不採取撤廢城牆。大規模的拆毀以十九世紀中期所推動的「巴黎大改造」最為盛大。當時拿破崙三世為了誇示帝政，藉由舉行巴黎博覽會以提升國際競爭力，於是任命縣長奧斯曼負責博覽會，同時推動巴黎大改造。奧斯曼被任命為省長，重新規畫了巴黎的道路系統，拆毀了狹窄迂迴的市中心，進行了徹底的空間改造並塑造巴黎的都市性格。之後也委任造園技師阿爾方擔當巴黎綠地系統及行道樹整備局長。阿爾方因具備理工及土木背景，運用科學及技術於造園分野，使巴黎的林蔭大道成為後來世界各大都市競相模仿的楷模。

林蔭大道對於法國來說並不是一個陌生的概念，而把造園設計元素應用於都市計畫卻實為創新。巴黎的行道樹種植規範原則；第一必須篩選適合樹種，第二取適當植樹間隔的配植，第三熟知種植方法，第四專業養護管理。針對樹種的選擇還須具備八項條件，第一需強健，耐環境。第二樹幹直立，第三耐病蟲害，第四枝葉量適當，第五清潔不具惡臭，第六生長快速，第七壽命長，第八根系強健。阿爾方的規畫設計是利用綠蔭樹，將步車道分離。同時訂立行道樹保全、土壤環境、樹間距離以及設置苗圃栽培。因考慮巴黎行道樹保護問題，樹間距離以六至七公尺為距、植樹帶寬三公尺、長八公尺及土壤深度三．五公尺並配合排水溝設置。樹種以生長迅速、提供樹蔭且易於適應環境，同時配合樹穴蓋、支柱等避免風害及折損。此外，還啟動專門技術部門以管理行道樹。巴黎改造計畫至十九世紀末，行道樹數量高達十萬棵，規模浩大。著名的香榭大道，種植以歐洲七葉樹，之後部分改植以懸鈴木、槐樹等，整體行道樹規畫也帶給歐美各國很大影響。甚至十九世紀中期，奧地利首都維也納的環城大道也導入椴樹、歐洲七葉樹、歐洲楓及岩槭等成為一種風潮。

巴黎改造的成果，深深影響了遠在東方的日本。日本派遣使節團於一八七二年秋天到達巴黎，停留約兩個月之久。使節團歸國後，對於巴黎的都市公園及行道樹進行如此描述：「香樹大道直通凱旋門，寬廣大道種植四列行道樹，街道綠蔭盎然，深感壯觀與華麗。行道樹及廣場不僅提供休憩設施，也改善都市整體衛生環境。行道樹規畫如同網路覆蓋整體都市，公園與道路結為一體」。對於巴黎都市景觀的描述，也讓使節團的海外視察，受到強大的震撼與衝擊。因此在歸國後，隨即展開近代化的建設，導入西歐的都市計畫思想。連之後擔任台灣總督府技師的田代安定，也曾造訪法國並一睹巴黎行道樹光景。

使節團訪香榭大道。（圖片來源：《米歐回覽實記》，久米邦武編著，1878年〔明治11年〕刊，博聞社）

德國

德國緊跟在法國之後，也開始展開行道樹的植栽計畫。十八世紀中期，德國萊比錫因七年戰爭（一七五四－一七六三）後，認為城牆防禦失去作用而計畫擺脫圍牆城市。在戰後著手拆毀東北要塞，並改建以圍繞市中心的綠色長廊，陸續規畫都市綠地以遊步道取代十六世紀的城牆遺跡。市長穆拉極力推動都市公園與行道樹植栽，並委請擔任市政廳城市園林管理部門的卡爾設計散步道，以此構成市區綠帶長廊的基本架構。十九世紀後，隨著都市發展以景觀為目的，行道樹的計畫又更為積極，並擴大散步道栽植華東椴及梧桐為綠帶長廊的典範。

美國

美國自十九世紀中期，以寬廣公園道結合公園綠地系統；著名代表如波士頓、堪薩斯州等展開的街路計畫。當時行道樹的設計，主要分為種植於兩側以及中央綠島。依據樹種規畫植栽帶寬度，而種植於中央綠島稱為公園道類型，也就是連結公園與公園的大道。如紐約布魯克林區，規畫東公園道以連結公園，設置寬約七十八公尺、中央為快速道約二十公尺，兩旁種植以六列榆樹，而靠近建物的人行步道寬約九公尺植一列行道樹。美國公園道路的展開為公園綠地系統的概念，而公園道一詞，來自於歐洲林蔭大道的轉換用語，構想出自於連結公園以誘導都市開發。進入二十世紀後，因道路美化運動而發布法令，明訂道路沿線種植樹木確保綠蔭為農務大臣及道路管理權責，行道樹保護也列為規範。當時密西根州推動道路計畫，規定必須僱用森林技師或風景技師提供植樹依據，陸續完成七萬株行道樹的規畫。其他地區，如紐約也以每年一萬棵的速度計畫植栽，採用榆樹、糖楓等高大喬木樹種。

COLUMN

歐洲七葉樹

歐洲七葉樹是無患子科七葉樹屬，分布地區自印度、亞洲、歐洲及北美，共二十五種。在法國，香榭大道著名的行道樹即為歐洲七葉樹。原產既非法國也非英國。其原產地為阿爾巴尼亞、伊朗一帶，經由希臘、土耳其於十六世紀後半導入歐洲。進入法國為十七世紀初期，同於英國。然而法國的

紅花七葉樹。

七葉樹，據說已有四百年歷史。其所指並非歐洲七葉樹，而是北美的紅七葉樹與歐洲七葉樹雜交的紅花七葉樹。來自溫帶的七葉樹，喜好濕潤且肥沃的土地。因此，多分布於山地的溪谷周邊。隨著法國大革命後的香榭麗舍大道，一時成為行道樹潮流樹種。二十世紀以後，亦作為行道樹、公園樹的主要樹種。

❖公園道路導入

公園道路在二十世紀城市美化運動（City Beautiful Movement，一八九〇－一九〇〇）的推動之下，蔚為風潮。遠在亞洲的日本，也導入於「新東京計畫」。時任東京市長的後藤新平，配合都市計畫法而立案，是定位綠地系統的都市計畫。然而，戰後卻因考慮市區的經濟效益，東京內部的公園道路計畫遭到廢除。

在台灣，受到殖民政府的影響，陸續導入近代行道樹思想。特別是統治初期，將城壁跡地規畫為三線道路，並在各節點設置綠地圓環，以此為起點作為放射狀道路延伸至郊區。當時總督府計畫將三線道路導入法國香榭大道概念，但參考德國萊比錫之環城形勢，將來長遠之計畫為設置電車路線。因此採用萊比錫之散步道概念落實於三線道路。

之後在市區改正期計畫當中，說明以台北府城環之遺地作為計畫環狀公園，以中央為車道、兩側為步道，道路上設置三、四公尺寬的兩列綠樹帶，三線道路儼然成為台北林蔭大道象徵之一。然而隨著人口增加，台北地區人口已漸飽和，為了因應社會變化趨勢，殖民政府再度發布大台北市區計畫及都市計畫，並將防災思想導入公園道路安排。規畫公園道四條，寬度以六十至一百公尺作為公園道路連結公園綠地。因戰爭之迫近，僅完成公園道四號，寬四十公尺，並種植兩列的行道樹及特一號道路。其餘在戰後陸續建設及變更路線。

統治後期，深感人口增加與都市的擴大，殖民政府亟欲推動都市計畫。基於交通、休憩、都市美化及防災機能，將公園道與區域內的公園連結，說明公園道路設計為公園的一部分。換句話說；公園道路不同於一般行道樹列於道路兩側，而是道路公園化。也就是將樹木配置於中央綠島與車道、步道相並行。公園道路的推動，持續擴大到地方都市如台中、台南、高雄等地區。因戰爭的爆發，無暇推動都市建設而無疾而終。儘管如此，公園道計畫於戰後也帶來很大的影響。戰後台北市改制為院轄市後，高玉樹為首任市長。任期內，從事許多重大市政建設而公園道也為當中之一。為了建設台北市成為一個國際都會，將敦化南北路道路拓寬成七十公尺，其中仁愛路三段更達到一百公尺寬。高玉樹市長為建構近代林蔭大道，委託顏水龍教授擔任市政顧問規畫仁愛路、敦化北路等林蔭大道。顏水龍因過去留法期間，曾受巴黎香榭大道影響並將美術理念擴展至都市設計，落實南北貫穿大道與公園道路第四號相接，形成為L形的林蔭大道。之後高玉樹的回憶錄中也提到，仁愛路與巴黎的凱旋門圓環類比的說法，這也說明台北市的林蔭大道也有一段「巴黎化」的過程。

❖行道樹的轉變

戰後滿目瘡痍，政府著手推動復興建設計畫。都市行道樹依舊傳承過去行道樹種，相較於日治時期，外來樹種明顯減少。

日治初期的中山北路（敕使街道）於戰後，成為台北市最完善道路。道路寬度約四十公尺，綠島保留二．五公尺種植成列的樟樹；人行道上種植楓香。三線道路也承續日治時期的規畫，如愛國西路（南三線），左右綠島種植茄苳、金龜樹、榕樹、黃槐樹等，之後全線拓寬植以茄苳為台北市第一條標準之園林大道。中山南路（東三線）綠島種植以大王椰子為主，人行道上有榕樹、茄苳、白千層、楓樹、樟樹等樹種。戰後成為主要商場區域的中華路（西三線），人行道植榕樹、蒲葵，後換植以楓香樹種為主。而著名的交通要道，忠孝西路（北三線）隨著交通量增加，將日治時期北三線的之綠島拆除，改為六線快速道路。其他如公園道四號（仁愛路）也於戰後擴寬，遍植綠樹如樟樹、大葉桉、大王椰子、榕樹、菩提樹、白千層、木棉等近三千棵樹為台北林蔭大道之示範道路之一。另一方面，日治時期通往台北飛行場並無寬廣大道，戰後隨即成立台北航空站並著手開闢敦化路。因考慮國際要道，進而拓寬為七十公尺園林大道，於寬廣的綠地種植樟樹，而人行道植以榕樹、菩提樹、樟樹等。戰後，台北新闢的園林大道是採用樟樹、榕樹及台灣欒樹為主，不同於日治時期的椰科、豆科樹種。地方的行道樹也普遍種植以樟樹，其次為台灣欒樹、山櫻花、小葉欖仁、水黃皮等。戰後種植樟樹蔚為風潮，八〇年代以後也開始廣泛種植黑板樹、小葉南洋杉等樹種。過去以來，行道樹選擇以生長迅速及耐修剪的樹種為主。因都市美化思潮，也考慮以觀賞花果或樹姿特質，同時能提供綠蔭效果及養護容易的樹種。

在日治時期，行道樹規畫主要以防災機能為出發點，戰後轉變為都市環境美化原則。而近年來，道路綠化以植栽設計、樹種選擇及維護管理等為基本原則，也開始關心生態機能的效果。面對當前都市熱島效應，行道樹的規畫不僅在於環境美化上，植栽的機能以及都市生態保育也賦予行道樹的公益機能。因此，隨著自然保育或環境保護意識日漸高漲的今日，除了適地適性的栽植外，後續的維護管理更是確保道路綠化系統之完整與永續性。

第四章 行道樹生存空間

❖ 行道樹命運不由己

行道樹的角色，究竟為何？行道樹與我們生活環境密切相關，「生活中為理所當然。少了，又覺得失去了什麼」。行道樹自古以來，作為道路指標以外，也為都市基本骨架。

行道樹構成都市綠化環境的主軸，如以綠化為據點像是二二八和平紀念公園、大安森林公園等扮演著都市之肺的角色。若將行道樹視為血管，整體連結「肺」就構成一個都市綠的循環。在歐洲如德國、法國，過去沿著道路或河川種植的行道樹是結合「風道」概念，以此帶動新鮮空氣的流動。「風道」，最早為德國提倡的都市環境改善手法之一，面對都市熱島藉由「風道」以降低都市溫度的手段。除了利用風道，也考慮行道樹所展現的機能性，例如；海邊地區的防風林，工業區的隔離、緩衝機能、噪音防止為機能性考量。然而，若一昧的考慮機能，忽略行道樹本身的美觀；換句話說也只是為了種樹而種，就容易失去環境調和與景觀美化要素。面對地球暖化及異常氣候，看似不起眼的行道樹，究竟能為都市環境帶來多少效益。想像一棵高約七公尺的櫸木，假設以人一天排出二氧化碳為三百二十公斤來看，需要八、九棵的櫸木才能吸收一個人一天的排出量。行道樹不僅在機能，同時在都市環境保全、景觀美化都是不可欠缺的要素。

行道樹面對極為惡劣的都市環境，是所有樹種最不願意生長的環境。迎面而來的大氣汙染、乾燥空氣、狹小植栽穴、缺水、土壤惡化、欠缺害蟲天敵及強剪等所有要素皆不利於樹木生長。再者，我們對行道樹生長空間並不友善，充斥著建築物、道路柏油在有限的植栽空間內覆土，猶如種植於盆器內。處於這樣的環境之下，除了無法改變的自然條件如氣溫、降雨等氣象要素，其他條件是與大自然生長環境有著天壤之別。難道，行道樹處於這樣的自然環境，就足以讓樹木健全生長嗎？這是一個很大的疑問。

自然環境生長的樹木，植物彼此之間的網絡成為一個完整生態系統。如地表樹林的環繞、草花等落葉堆積，通過土壤的膨脹、透水而帶來肥料效果。相較之下；行道樹失去了彼此的相生相利，甚至有些還欠缺灌木、地被等，直接受到道路地面的輻射熱影響，處於高壓生長環境。因此行道樹要比其他環境生長的樹木，須具備強大的忍耐力及承受力。

COLUMN

治療虎尾老樟樹癌症——褐根病

雲林縣虎尾鎮市溪路上佇立著一棵百歲樟樹，已有相當的生長歷史，宛如地方守護神。近年來被發現葉片枯黃，引來各界專家診斷調查，初步研判該樹罹患有樹癌之稱的「褐根病」。褐根病對樹木極具威脅，當病菌入侵樹木根部組織後開始出現破壞性，造成木材組織腐朽，使健康的根產生腐敗，漸漸無法吸收土壤中養、水分。在台灣，褐根病的診治主流是採用土壤薰蒸藥劑，一般成效極低，挽救也機率也並非百分百。

虎尾老樟樹，受到各方診斷及施藥處置也顯然未見好轉。心急之下的村民們，抱持著一絲希望也不願放棄的決心。當受村民之託而前往勘查，樹冠上的葉子早已退化乾枯，失去了生機。村民說著；自開始出現黃葉，就不斷尋找各界人士協助。使盡所有方法及管道，甚至嘗試灌藥處理依舊回天乏術。就是因為太過大意而錯失拯救黃金時期，以至於今日已枯黃一片。

在台灣，許多老樹面臨褐根病的威脅，漸漸的身旁老樹也就靜靜離開了我們生活環境。褐根病為樹木癌症，當樹冠枯損時根系早已腐爛、發臭，即使使用任何藥劑也難於恢復原本樹木健全性。只能藉由土壤消毒，清除土壤內的病菌不再蔓延感染至其他樹木，是為「預防」手法，而非「治療」。站在土壤生態學的立場，當土壤消毒而失去了所有土壤生物，也頓時成為死土。

樹木賴以為生的土壤生物，猶如人體內的益生菌般互相協助支援。藉由土壤薰蒸，我們也間接破壞了土壤生態系統。

褐根病處置，採用土壤薰蒸是為既定程序，也是趕盡滅絕二代木的生長機會。我們嘗試與村民溝通以義務性質，私下處理植栽基盤並誘導幼苗，目的只為了保留珍貴基因於這塊土地上，永續世代交替。面對失去母樹的遺憾，只是期盼能挽回老樟樹珍貴的基因，那怕是新世代、第二代幼苗。相信癌末老樟樹，也會試圖保留下一世代，需要我們的是時間與耐心。果不其然，經歷兩個月後，癌症枯死的老樟樹腳下鑽出了小幼苗。替代了母樹，留下珍貴的基因，邁向下一個一百年！

上｜植栽基盤處置引導幼苗。

下｜癌末老樟樹遺留小幼苗。

❖日照為基本生存要件

樹木主要可分為陰樹、陽樹及中性樹。所謂陽樹，即偏好日照，當日照不充足便容易枯損衰弱。反之，即使日照不充足也可以健全生長，稱為陰樹。還有介在陰樹與陽樹之間，稱為中性樹。

植物的葉子進行生命維持活動。對植物而言，光為生存的能量，如同動物攝取食物般的重要。換句話說，能否取得充分的日照為樹木的死活問題。葉子為了收集光照，在葉的構造內也下了不少的功夫。常見葉大且薄，在葉的背後及內側可有效的收集光照。葉表面附著了一層薄膜的角質層，除了讓水分難以透過以外，還可防止葉表蒸發，保護葉內組織。自葉的生理角度來看，陰樹與陽樹的最大差異，在於光飽和點及光合作用速度不同。一般光照量的最高限度，稱為光飽和點。因此日照需求度高的樹木為陽樹，能耐日蔭為陰樹。陰陽特質的掌握，有助於適地適木的配植。例如櫻花樹（陽樹）的光飽和點高，受到強光而不斷增加光合作用量，當光照變弱時光合作用量也隨之降低，長期下來影響櫻花樹的生長。

樹木陰陽的差異並沒有明確基準，如一天必須要達到多少小時才能存活？這是隨著原生地的環境，以及培育經驗法則所分類。樹木的成長，是隨著光照強度性質而改變。

例如，幼木時可以在林蔭弱光環境下生長，長大為成木對光的需求也慢慢增大。相對的，需要強光生長為陽樹，周邊若有高大喬木環境時生長受阻，而陰樹即使周邊有大樹也可生長。一般陽樹多為落葉樹種，因生長快速，樹幹易粗大且短命趨勢。相對的陰樹多為常綠樹種，生長慢，壽命也較長。此外葉子也可區分陰葉及陽葉；陽葉受到強光，光合作用量增加，陰葉則是利用較弱的光照度進行光合作用。

對樹木而言，最適切的光照度為晴朗的上午，午後的西曬通常帶給部分樹種生長阻礙。路邊常見的紫薇，當夏季午後受到強烈西曬、高溫過熱，反而光合作用量頓時減少。過於高溫時，葉內含水量隨之減少，葉內的氣孔關閉後便無法呼吸交換而影響光合作用。都市行道樹的日照條件也決定樹木生死，受到各方高樓環抱而遮蔽日照，光合作用也會受到影響。尤其當陽樹日照不充分時生長容易出現阻礙，即使為耐陰的山茶花、冬青也會出現樹勢低下及開花不良、病蟲害等問題。

COLUMN

葉與日照

針葉樹與闊葉樹的葉型，表現出樹木存活的戰略。常見的針葉樹種柳杉、松樹等為常綠樹種，葉子細長、如針狀。這是為了取得更多的日照得以行光合作用，並不斷的往上生長。藉由向上生長與其他植物相互競爭，取得日照。雖然稱為常綠樹，但也並非不落葉。尤其光合作用效率變低後，老葉陸續落葉並與新葉進行交替更新。樹木為了維持葉子也需要充分的養分，除了蓄積於枝條、樹幹以外，也儲藏於針葉樹葉內。一般常綠樹的葉子壽命平均一到兩年，松樹的葉子甚至二到十年的也有。常綠樹的壽命，取決於環境。即使相同種，也會因日照、降雨量、土壤環境的不同而出現差異。當環境要素越是不良時，葉子的壽命也就越長。簡單說，光合作用效率變低，養分的回收期間也就更長，而葉子的壽命也變長。一般熱帶地區的常綠樹，多數葉子的壽命為三個月。

❖ 原生地與後天環境

樹木的生長條件之中，氣溫扮演著非常重要的角色。例如：將暖地生長的樹木種植於寒冷地，易受寒害，葉子變黑、枯死。相反的，習慣寒冷地的樹木若種植於暖地時，就容易出現新芽生長停頓等現象。諸如此類的現象，可以說是樹木各自的生理特徵。

樹木以根系吸收養水分，枝葉進行光合作用並製造能量。暖地或喜日照的樹木，光合作用能力非常旺盛，所製造的糖直接被樹體吸收使用，而水及空氣自葉的氣孔排出為蒸散。就另一個角度來看；當氣溫升高時，蒸散旺盛而葉溫也隨之下降。而蒸散旺盛也會讓樹木失去大量水分，甚至引起脫水狀態。因此，樹木為了維持本身機能平衡，配合氣候進行生理活動。例如：熱帶雨林的樹木行光合作用時，根系需要吸收大量水分；而沙漠的植物幾乎處於冬眠，受到強烈熱氣後關閉氣孔，將水分儲存於體內等。樹木面對各式各樣環境要素，其生活樣式也不同。然而這樣的生活並非一朝一夕，而是經過不斷演變而獲得的機能。當環境突然改變時，樹木當然也面對很大的生長壓力。

行道樹面對的都市環境，如水泥、柏油等人工基盤，引起的高溫化要比郊外氣溫還高，遠遠不同於自然環境生長的樹木。面對嚴峻的都市微氣候環境，水分吸收為生存的關鍵要素之一。當水分不充足，直接反映於蒸散的受阻。而通風不良時，枝葉蒸散也容易出現病蟲害。相對的，風過大反而帶給樹木物理損傷，同時引起土壤蒸散、落葉等問題。尤其長期遭受東北季風吹襲，因低溫使根系衰弱無法吸收水分，間接影響蒸散能力。行道樹受到大樓風影響也容易出現落葉、枝條斷裂、傾倒等災害，其環境因素直接影響樹木生理。

❖植栽基盤與水分

一般道路的土壤，客土是以追求硬度並強固地盤，遠遠不同於樹木所需的土壤基盤。樹木所需的土壤，是為了支持根系生長，同時提供養水分、空氣。因此，樹木植栽基盤是必須具備適當的鬆軟度、深度及可供微生物生長的環境。但是，常見的行道樹生長空間，不乏可見植栽基盤土層淺、覆蓋的柏油及水泥導致雨水滲透不良、土壤乾燥且鹼性化。除此之外，因落葉清掃使有機物無法回歸土壤環境，以至於地力逐漸衰退而貧瘠化。

要能讓行道樹健全生長，除了部分特殊樹種適性以外，最重要的是土壤的適切性。一般行道樹使用的土壤，常常因混入廢棄土、水泥及磚塊，同時受到道路環境的粉塵、土壤水分蒸發等使土壤普遍呈現偏鹼性的趨勢。不僅如此，植栽綠帶往往避免不了人為踩踏，導致土壤硬化影響通氣及透水性。總而言之，行道樹的衰弱枯損，不外乎植栽基盤問題的根系空間受限、土壤通氣不良、根系窒息等。因土壤硬化直接影響根系生長，間接引起衰弱、病蟲害發生甚至枯損，都與植栽土壤基盤有著很大的關係。

樹木靠著自身的力量，製造所需的營養物質。因為沒有所謂的消化器官，不同於動物藉由腸胃吸收養分。一般自根系吸收水分並運送至枝葉，藉由光合作用製造養分後再運輸至根系、花等。換句話說，自根系先端吸收礦物質並利用導管輸送至葉；而葉所合成的養分利用韌皮部再度輸送至各器官。如此一來，土壤扮演為樹木生存的基本要素。透過土壤水分中含有各種元素，隨著水分通過樹體內被吸收以提升樹木生理活性。一旦根系吸收水分減少時，氣孔關閉、葉子溫度升高而引起異常落葉，以至於無法光合作用而衰退枯死。土壤提供樹木所需的養水分，而通氣、透水及保水為生長的最低限度。雖然，行道樹偏向於採用較為強健的樹種，即使土壤條件不良、貧瘠化也可勉強生長。但是，面對道路空間的輻射熱及乾燥、汙染等也會加速樹勢衰弱，同時植栽基盤的惡化等多項環境要素皆阻礙樹木健全生長。

行道樹主要水分來源為雨水，因道路鋪設等管線設備影響，即使下雨也很難滲透至土裡。甚至土壤硬化而造成積水，水分環境可以說是非常極端。行道樹要能健全生長，須篩選適合樹種並考慮植栽帶、透水基盤及排水設施。近年來，規畫植栽帶改以帶狀設計及複層狀配置，一來確保根系伸展空間，其次改善土壤環境的通氣及透水性的優點。相對的，因擴大植栽帶也容易出現表層土壤乾燥等問題。若於樹冠配植灌木，不僅可以遮蔽強烈日照所引起土壤乾燥問題，同時還可以保護土壤表層避免踩踏。

COLUMN

土壤排水問題

依據樹種的不同，有些根系可耐水，如落羽松；而有些卻忌泡水，如櫻花樹。尤其櫻花樹的土壤排水不良時，根系泡水後容易開始落葉，同時根系周圍也會產生氰酸，猶如沼澤泥土臭味般。櫻花樹在日本自古以來多種植於堤岸邊，而超過百年、千年的櫻花樹不乏生長於土坡上。這也顯示了櫻花樹喜歡排水良好環境。

在阿里山，近年推動染井吉野櫻的種植，大規模種植兩公尺高的幼樹於平坡上。然而，每當下雨過後，植栽基盤嚴重積水，根系腐爛而枯損樹株不計其數。再者土質為廢棄土且美植袋未拆的情況下，根系要能伸展是一大難題。這也是為何一直反覆枯損，補植也未見好轉的最大原因。

植栽基盤的排水不良，對於櫻花生長環境而言如同大敵，若未能整頓植栽基盤，反覆枯死補植也無止盡。因此必須大規模進行植栽基盤整地，重新整治排水設施。此外，依據櫻花樹偏好的土壤進行土壤改良，並藉由植栽基盤整頓促進土壤呼吸。這些櫻花樹苗歷經三個月後，適逢花季而盛開。而今，樹苗已恢復健全性，根系旺盛。

❖ 人為修剪管理

都市道路空間充斥著架設的電線、看板等人工物。當行道樹生長過於旺盛時，就容易影響道路安全。樹木為生物，不斷持續生長。當生長環境頓時起了變化，一時之間生

上｜櫻花排水不良。

下｜櫻花盛開。

長受到阻礙而出現衰弱之象，嚴重時還有枯死危機。最常見的常綠樹種，在茂盛枝葉長期包覆之下，突然進行強剪，枝幹直接受到日照及強風影響一時適應不良，出現生長障礙而衰弱。其他如嚴寒時期進行修剪，殘留於樹冠上的枝葉也容易枯損。或是長期未進行疏刪修剪的樹木，因樹冠內部通風不良出現病蟲害、枯損。

樹木避免強剪的最大理由；莫過於修剪後的切口，猶如展開大門歡迎各種病原菌入侵。為避免病原菌自切口入侵，樹木急於形成防禦組織以抵抗外來病原菌。依據樹木生理，各個枝幹不同於人可相互扶持，反而是以單獨作戰。換句話說，葉所製造的糖作為枝條的營養源，並不會相互輸送至其他枝條。一般生長以先端部位最為旺盛，如枝條、根系先端。隨著枝幹伸展，新梢生長旺盛而下枝生長逐漸退化，之後枯損。因此考慮行道樹頂部生長旺盛，維持枝條密度均一，修剪的量以頂端比例為高，下部少。修剪原則以維持原本樹形，確保枝幹骨架。

❖為生存而竄根

一般自然地生長的喬木如樟樹、櫸木等樹齡可達百年以上，以行道樹種植時頂多四十、五十歲便容易受到風害、病害等要素而枯損或傾倒影響環境安全。隨著樹木老齡化，樹幹內部容易出現空洞、腐朽等問題。但是，對於正值壯年的樹木，為何容易衰弱？原因在於修剪方式的錯誤、擦傷損害及日照不良等各項要素。當然，最重要的還是根系與植栽基盤問題。

就樹木生理型態而言，意外的是根系伸展並不深入，除了樹種特性以外還有環境影響。我們常見高十公尺的喬木，根系垂直分布頂多於表土層一、二公尺左右。而榕樹氣根旺盛的樹種，也多半集中於表層土壤，取而代之為橫向的水平伸展根系，就算根系伸展為樹冠三倍距離遠，也不足為奇。這是因為樹木變大，根系尋求更多養水分而不斷往外伸展。若為日照良好且生長健全的樹木，其生長就更為旺盛。因此若植栽穴過小，不僅重心不穩也會影響樹木健康。反觀行道樹生長環境，植栽穴周圍的步道、車道下方一般多為廢棄土，同時充斥著管線，根系能夠伸展的空間確實有限。

行道樹的根系伸展空間，極端的狹隘，可以說是以植栽穴決定了生長空間。近年來設計的植栽帶有各式各樣，主要配合步道寬度設計約一公尺前後大小。尤其當樹冠直徑超過三公尺，植栽穴經常是小的不成比例。這也讓忍不住竄根的樹種，不斷上演破壞步道環境。樹木為了生長，汲汲於地中尋求養分及水分，以至於根系侵入步道鋪面下方空隙或超出植栽穴。當鋪面下方空隙可供伸展，也就成為竄根的絕佳機會。再者因根系不斷的肥大，根系周邊緊繃使土壤硬化更是加劇。往往竄根的根系並非支持樹體，而是為了確保生長空間。因竄根而被破壞的步道，也間接危害環境安全。因此，如何誘導根系健全生長並與行道樹共生為現階段的一大課題。

COLUMN

根系不可思議

樹木與人類生存的方式截然不同。當我們對住所不滿足時，可以隨時搬家更換空間。但是，樹木卻並無法隨心所欲。只能在已定的環境當中，藉由身體的適應轉化配合環境空間。最常見在濱海地區因常受風吹襲，樹冠的成長點受阻而變形傾向順風側。這樣的適應能力，若比喻為人類就像是適應氣候般，可以分為暖地及寒地生活的人們。具備相同身體構造，如何適應嚴峻的環境；這與樹木適應環境有著異曲同工之象。尤其樹木，不得不以變化自在的樹體適應環境，即使相同的樹種因環境不同也出現不一樣的特徵，可以說千變萬化。

行道樹的樹幹連年生長粗大，面對都市內充斥著人工物的環境，絕非可隨意自由生長。即使如此，樹木還是竭盡一切方法與環境對抗。當隨意行走道路或公園，我們的視線可能在無意之間便停留水泥或磚塊牆邊的一棵樹。也忍不住出現許多問號？這樣狹小的空間，難道就可以生存？其實，其關鍵在於根系。樹木的根系；分為吸收水及養分的「吸收根系」，與支持樹體的「支持根系」，具備的機能各自不同。即使表面為水泥、柏油而下方若為鬆軟、具空隙的土壤層也可提供吸收根系生長茁壯。意外的是，鋪裝的空隙之間也滲入了不少水分。這也與樹木本身性質也有關係。這類的樹種，因淺根性且支持根分散，即使狹隘空間也能生存。相對的，當土壤下方為堅硬的水泥層，根系生長空間受阻而無法健全生長茁壯，進而發生竄根問題。

第五章
行道樹景觀問題

行道樹，因審美不同而有所差異。行道樹美觀的判斷，主要以樹形為焦點。而不美觀的行道樹又是為何？例如：缺乏統一性、雜亂等。尤其當第一印象時，樹高參差不齊、樹幹扭曲、樹種混入等，失去了道路統一性也影響景觀。再者，常見有些行道樹因枯損而補植不同樹形的樹種，使道路行道樹景觀失去統一美。在植栽規畫時，未能掌握樹冠大小，而與道路寬度呈現不對稱的比例。甚至單線道種植大喬木，使步道行人空間莫名壓迫感等。當然，最常見的還是樹形不良所造成的景觀問題，以及竄根、水泥鋪設、多餘支架等。

❖ 缺乏統一性

缺乏統一性與樹高、樹冠寬度、枝下高度、扭曲樹幹、樹種混入、枯損補植等有直接關係。樹高及樹冠依據樹種不同，如橢圓樹形有冬青、楊梅、山茶花、楓香、黑板樹、白千層；圓形有樟樹、赤楠、榔榆、台灣欒樹、苦楝；傘形樹種有櫸木、櫻花樹、鳳凰木、流蘇、火焰木、小葉欖仁等。當混植兩種以上時，就必須考慮樹形特徵以及植栽空間。行道樹景觀強調統一美，除了特殊目的以外，鮮少混入複數以上樹種。其他如枯損、傾倒，或補植時採用不同樹種時，也容易失去統一美。近年來導入綠帶以生態配植，必須考量複合樹種之間的樹冠空間平衡。如傘形樹種，若搭配橢圓樹形時就必須確保一定的植栽空間及距離。

上｜混植與植栽空間。

下｜枯損補植大小不一。

❖ 行道樹安全管理

一般行道樹於新植後的第一階段為存活期（植栽後三—五年）。此時樹高、樹冠相對小，也無法發揮行道樹本身所具備的機能。同時，根系進入適應期容易出現適應不良、養分與水分失衡或傾倒等問題。面對存活期一般以保護管理為原則，配合定期灌水措施。之後進入育成期間，行道樹也漸漸達到目標樹形。此時根系發達且枝幹生長旺盛，須配合適度修剪管理以控制樹形。最後，進入漫長的維持期間。一旦樹冠與道路空間失去平衡時，就必須考慮採取更新樹形。所謂樹形更新是將樹冠縮小、調整不良樹形的高度技術。一般常綠闊葉樹種，於春天新芽未成熟期或展葉結束時期，而落葉闊葉樹為生長休止的落葉期，以減輕樹木負擔的時期實施。

面臨高齡老化的行道樹，因樹體的增大而影響道路設施。這一類的行道樹，帶給道路安全上的威脅並列為危險樹木。因此為確保道路安全，需定期進行樹木健全調查，按照危險等級區分管理級數。一般將更新基準以樹齡超過五十年以上。其他嚴重影響步道空間、強剪後失去自然樹形，樹勢衰弱或竄根、嚴重腐朽等各項要素也列入考量。

❖ 何謂樹形不良？

過去以來行道樹的強剪處置，引起不少民眾埋怨如電線桿、樹枝呈現獅子尾等批判聲浪。不可否認以強剪、截頭，可明顯提升修剪工作效率。然而，一味追求高效率，傷及樹木同時更影響道路景觀。一般受到強剪的樹木，枝幹上容易出現幹生枝。但是，當細枝增多也加速了樹形崩壞、變亂等現象。甚至有些切口處理不當，促進腐朽菌入侵，進而發生樹幹腐朽斷裂等影響交通安全，可以說是惡性循環。當行道樹出現樹形崩壞或不良時，必須徹底重整樹形。然而，重整樹形卻須耗費相當多時間才能得以回復。面臨這樣的情況，首先必須將變亂的樹形截短重新養新枝幹，並且訂立新的目標樹形，記錄日後經年的恢復、變化以取得市民的理解與包容。另一方面；行道樹修剪直接影響道路景觀，修剪專門技術未能提升也為管理上很大的課題。例如；以低價競標之下，無法進行適切修剪。甚至未考慮枝條伸展、花芽位置，其中也不乏電鋸、截頭的強剪做法。如此一來修剪管理費用乍看之下明顯減少，相對的樹幹腐朽、斷裂也容易發生，引起道路安全重大事故，得不償失。

近年來，行道樹修剪管理採用非適期修剪，導入枝瘤修剪法於紫薇、楊梅、光蠟等樹種。每年在相

枝瘤修剪法。

同位置修剪以至於切口年年增大、肥大化，形成枝瘤狀。儘管枝瘤修剪法在管理具備技術、時間的柔軟性。然而枝瘤修剪經過數年後，也同樣必須進行樹形更新。

❖ 與人爭奪生存空間

行道樹要能健全生長，植栽基盤的基本條件為不具有害物質且透水性良好、適度土壤硬度、保水度、酸鹼度、養分以及充分的空間。然而要能符合以上條件，確實有其難度。由於，道路結構無法提供充分的根系伸展空間，再者因鋪裝使空氣無法進入土壤內，又受到人為踩踏、機車擦撞、土壤硬化、鹼性化、腐朽等各種負面環境要素。樹木在受限的生長環境，也只能反覆竄根以求生存。面對這樣的植栽基盤環境，除了針對樹木生長基盤導入透水性的鋪裝促進雨水回歸地下以外，另一方面自設計階段採用連續綠帶、適地適木等手法，才能確保樹木健全生長。

行道樹面對地上的生長空間，來自各種不同的生長阻礙如電線桿、車子排氣、招牌、路燈等影響。當樹冠過度生長影響到環境時，就必須考慮強剪。因此容易出現樹勢衰弱、病蟲害、腐朽等問題。雖然也有出現反對修剪聲浪及意見，若不進行修剪，樹冠內的枝條過密、不通風且日照不足，反而容易出現枯枝及病蟲害等問題。超過一定限度的樹冠，修剪適期以配合適度的疏刪及短截修剪。

❖ 不適當樹種

在適地適木的原則下，廣泛認為原生樹種為適合樹種。然而，都市綠化作為環境美學一環，行道樹所具備的觀賞性也是需要考慮的重要因素。尤其，行道樹的規畫往往未考慮狹隘的道路空間而種植大喬木，帶給空間上的壓迫而影響景觀。如狹小步道上種植黑板樹、茄苳或樟樹等大喬木，忽視未來樹形大小。甚至計畫綠蔭樹種採用木棉、羊蹄甲、大王椰子、蒲葵等未考慮樹冠稀疏特質。其他也有將櫻花、楓樹等種植於受潮風、東北季風位置等無視樹木特性。當出現植栽設計上的疏失，主要是未能掌握樹性，也未能預先讀取十年後樹木的生長變化。當未考慮適性時，往往維持管理負擔沉重，嚴重時適應不良而出現枯損。

第六章
行道樹的選擇

行道樹的樹種，主要可分為常綠樹、落葉樹、針葉樹及闊葉樹等。依據樹形及性狀，結合配植得以發揮植栽本身的機能。特別是喬木為行道樹的主角，提供景觀要素及綠蔭。因此，掌握植栽環境的要素、道路狀況並結合樹性，才能充分發揮綠化機能。常見在狹小立地道路空間種植榕樹，若計畫維持自然樹形，其難度就更為困難。由於，榕樹的樹形大且為傘形，為了維持樹形就必須配合適切修剪。再者，傘狀樹形的修剪還需高度修剪技術，更是影響行道樹養護成本。另一方面；暖地的樹種選擇，除了考慮枝條伸長及生長速度，樹木所具備的綠蔭效果、景觀、耐病害等各項要素也必須列入考量。

❖ 景觀效果與環境

自古以來，行道樹除了軍事考量，也為道路綠化以提供行人遮蔭、美化景觀及機能要素。其景觀要素，主要以樹形、花期等觀賞價值，其次條件為樹木強健，便於管理。其中更需要考慮移植後的存活率，以及恢復生長、耐汙染、抗煙塵等能力。

行道樹種植於受限的日照環境，常發生介殼蟲、蚜蟲等病蟲害。這些蟲的分泌物，還會促進黑煤菌繁殖，導致葉面上出現黑色黏稠粉狀物，間接阻礙葉的呼吸。嚴重時，阻礙光合作用，還會出現異常落葉或樹勢衰退等。除此之外；花木樹種也會受到大樓日照不足而影響開花。如櫻花樹喜日照，一旦日照不足花量就會減少。當花芽形成進入開花期間，日照依舊受到限制時，整體樹勢容易衰退，就連花芽也會停止生長。櫻花樹本身，對日照需求度較高。當亂枝、枯枝多，日照無法進入樹體時花量容易減少。必要時需配合適度且定期修剪，確保樹冠內的日照環境，即使枝條數量減少，花量也會如期增加。

樹木為了要開花，必須形成花芽為花的原基。同時形成花芽，樹木必須要有充分的生長能量。

「花」是為了散播種子而開花，「種子」是需要樹木充分能量儲存。換句話說；樹木即使充分生長，若沒有適切的環境條件也不能結為花芽。其條件為日照條件與氣溫。花芽形成與日照之間關係，依據一天日照時間長短可以區分短日植物如山茶花，而長日植物如櫻花。行道樹年年生長，因樹種不同需考慮樹形，預測未來樹形為前提。常見在狹小的植栽空間種植櫻花樹、鳳凰木等，因形成較大的樹冠，往往受限的日照要維持原來的樹形就會有其難度。

介殼蟲與黑煤菌。

❖ 立地環境需求

一般行道樹的土壤基盤；土層淺、貧瘠化且夾雜廢棄物多。由於道路周邊鋪設的柏油、水泥使雨水滲透不良，同時地下埋管、土壤乾燥硬化、鹼性化等阻礙樹木健全生長。近年來，都市樹木或行道樹不乏因水泥鋪設而出現鹼性化，以至於枯損不斷。當行道樹的土壤偏鹼性時，樹木本身對大氣汙染抵抗力減弱，容易於枝條先端出現枯損、葉子變色等皆為樹勢衰弱的主要特徵。尤其在停車場附近，因土層影響導致根系受損，不乏可見樹木枯損的現象。

樹木要能健全生長，需要適當的植栽基盤。依據樹性不同，可分為深根與淺根性。深根樹種，須注意土壤深度；尤其種植大喬木時，需確保有效土壤深度。由於人工植栽基盤的有效土層有限，根系伸展容易受阻礙。於計畫種植深根性喬木時，土層至少需要保留一．五公尺深，而淺根性樹種也要有九十公分－一公尺的深度。就樹木生理來看，深根特質的樹木耐乾性強，且蒸散量少為其趨勢。自另一觀點，針葉樹種的蒸散量比闊葉樹種少，耐乾性也較強。針葉樹一般具備耐乾特質，其特徵為葉肉厚且硬如黑松、羅漢松，而闊葉有楊梅、冬青、榕樹等。反之，淺根性樹種因垂直根系較不發達，容易受到風害而傾倒，需透過適度的修剪以確保通風。常見耐風樹種如青剛櫟、香楠、福木、楊梅、石斑木、海桐等。另一方面土壤過濕時，難與土壤內的空氣、大氣進行交換，導致土壤內嚴重缺氧而發生過濕障害。具備耐濕特性樹種如：柳樹、洋玉蘭、女真、紫薇、九芎等。

COLUMN

強酸性土壤

土壤可以分為酸性、鹼性及中性。酸鹼度pH 7.0為中性。以此為中界點，以下為酸性而以上為鹼性。如檸檬的pH為2.5前後，而海水為pH 8左右。土壤的酸鹼值，作為土壤管理為最基本的指標。酸鹼值太高或太低都會帶來影響，猶如「人的體溫」。

一般樹木對於土壤酸鹼性並不敏感，除了一些特殊植物。例如客土為鹼性時種植杜鵑，容易導致杜鵑生長不良。櫻花樹種植於強酸、強鹼極端的土壤環境也會影響生長。通常植物生長酸鹼值域為pH 5.5－6.5的弱酸性土壤。當pH過酸時，土壤容易欠缺養分，微生物減少而無法分解有機物。同時保肥力隨著降低，根系生長受阻礙。當pH越高傾向鹼性時，容易失去氮素並妨礙植物吸收微量要素。

一般杜鵑類土壤酸鹼性pH 4.0－5.0之間，偏好酸性土壤。櫻花樹為pH 6.0－6.5弱酸性之間。這並不代表不在此值域之間就會無法生長，而是作為酸鹼度調整的基準。尤其，當樹木未受病蟲害所侵襲而衰弱，不排除是為土壤的環境問題。

酸性土壤所帶來的問題，為土壤水中所溶解的鋁離子並阻礙根的生長。如陽明山中山樓周邊一棵老櫻樹，測得土壤酸鹼值為pH 3－4前後。這是由於陽明山國家公園具有特殊的地理位置及土壤環境，長年在火山作用下，使土壤pH呈極酸性與一般森林土壤差異甚大。同時附近為硫磺溫泉，水分偏向酸性。老櫻樹隨著老化，樹勢逐漸衰退，根系養分吸收能力也逐年降低。

間接的影響每年的花量，面臨衰退危機。當地的里長，每年都會在此賞櫻並定期養護。然而，就在這幾年樹勢逐漸退化，萬分擔憂。

在北台灣，鮮少發現如此完整樹形的老櫻樹。儘管根系退化，也不失其櫻花王之姿。樹冠下的根系集中於表層土伸展，深層土壤還出現部分硫磺，令人感受櫻花王生存的智慧。這些根系除了作為支持以外，吸收養分的細根卻極少。可見櫻花王於環境中的逆境，不斷的尋求生存機會。當為櫻花王進行植栽基盤整頓，最大原則以不造成壓力。即使強酸土壤也不能完全清除移出現場，而是針對現場土壤進行化學性調整。一旦將原土移出，也會影響土壤生態系統。這對於老櫻王及周邊生態都不是雙贏的局面。尤其面對老樹，治療必須以循序漸進方式，需要的是耐心與時間。

經歷了三個月養生期間，這是治療以來第一年的開花期。經過數日的暴雨，櫻花王再度盛開，不失當年風采。強酸土壤的改善，更促使新根的重新生長。半年後枝葉旺盛，根系猶如再生般，重新吸收水養分。老櫻王雖然生長於自然環境，卻面對特殊的土壤條件。隨著老化，受到環境因素的影響容易出現衰弱趨勢。為確保健全生長，定期的健康檢查與土壤調整不可欠缺。

陽明山櫻花王救治後開花。

❖ 地域及風土特性

所謂地域特性，即氣候及風土所形成的文化、景觀等特性。這些風土文化特性的運用，可展現景觀特色。如日治後期於台南導入近代行道樹種植手法，採用鳳凰木作為行道樹主木，象徵行道樹歷史意義。另外，荷蘭在十七世紀時於台灣南部推動行道樹種植，以芒果樹作為行道樹也為地域之風土特色。近年來，台南還出現「黃金雨」風潮，廣泛種植阿勃勒。日治時期引進的阿勃勒為豆科樹種，原產於南亞。一般生長快速需要充足的日照，適應南部風土及地域性。

黃金雨大道。

❖植栽機能性

一般都市計畫會將都市道路區分商業區、工業區或住宅區等。而規畫行道樹時，就必須考慮道路條件及環境之間的調和。尤其工業地區行道樹的種植，有助於改善環境並提升景觀。樹木在白天受到太陽能量，自大氣吸收二氧化碳，同時自根系吸收水分製造有機物。如我們人類一樣因呼吸作用而釋放氧氣，這樣的同化作用猶如淨化空氣。

工業區所排放的二氧化硫、塵霾等大氣汙染物質。於交通要道出現汙染空氣越多，越為無風狀態，而地表溫暖的汙染空氣難以上升，更無法與上空的空氣進行交換。為了促進氣流的發生，需要大面積的水面、樹林等或以地表材質產生表面溫度差，促進上層氣流與下層氣流的交換。行道樹不僅促進氣流發生，於環境汙染的隔離也帶來很大的效果，其中常綠樹種更能發揮防塵效果。如樟樹可捕捉塵埃，其他夾竹桃、龍柏、石斑木等也都具備塵埃吸收能力。

濱海地區的行道樹，也可作為防風林以遮斷強風。防風林的透過率平均為百分之二十一百分之四十以直角面對風的效果最大，一般偏好常綠樹種。反之，落葉樹種具備吸收風的能量，緩和風環境。當冬季時，落葉後少了風的抵抗，粗枝、小枝條等的震動可吸收風能量。連續性的樹冠儘管風的透過率大，若配合周邊灌木及圍籬的防風措施，其效果更高。

COLUMN

防風林

一直以來，防風林主要種植生長迅速的木麻黃及相思樹為主。木麻黃的根系本身具備根瘤菌，即使貧瘠地也可以生長旺盛。當與其他樹種混植時，容易壓迫其他樹種使之生長不良。而木麻黃落葉後，若靠近農地時還會影響作物栽培。早期因考慮速成的防風效果，而種植木麻黃為主體。近年來配植混合生長慢的福木、黃槿、白水木、草海桐、相思樹或瓊崖海棠。藉由性質不同的配植以確保自然生態的多樣性。然而，因各自生長速度的不同，維持管理上須配合適度的修剪。

白砂青松：海岸防風林中，最具代表性為黑松。相較於山區內生長的赤松，黑松因耐鹽分適合作為海岸防風林。黑松防風林具有緩和鹽分、海風、砂的機能以外，也扮演觀光、景觀上的角色。然而，松樹也會因病蟲害而大規模枯死，如松材線蟲。

❖樹形與樹蔭

行道樹姿態的黃金比例，以樹幹與樹冠的比例為（三－五）比（五－七）。

自然樹形，依據頂端分枝可將樹形分為橢圓、傘形、下垂形、金字塔形等。金字塔形如落羽杉、南洋杉等可提供較多的樹蔭。但是，因樹冠大而下枝容易枯萎，必須於苗木培養期配合適度修剪管理。橢圓樹形；雖可提供充分綠蔭，反而於苗木培養期需避免修剪以促進強健樹形，之後配合定期修剪如樟樹、榕樹、海檬果、杜英、紫薇、黃連木及印度橡膠樹等。傘狀樹形；修剪技術需求度較高，如欅木、櫻花、鳳凰木等。這些樹形須以長枝及短枝之間相互交替，以此縮小樹形及樹冠。若要保留原本伸展的先端細枝，反而具備較高的難度。因此當縮小樹冠時，就容易失去

上｜木棉絮影響呼吸道。

下｜行道樹枝下高度調整。

原本自然姿態。常用綠化樹木，平均樹冠一．五公尺前後為樹冠形成的景觀重點。由於行道樹容易受道路上卡車摩擦等影響而受損，自樹木生理來看也會出現頂部生長旺盛，下枝衰弱枯損。為了維持樹形，避免重要的下枝衰弱，修剪時以縮短樹冠枝條，下方枝條盡量保持長度。

❖病蟲害少，不具臭味及環境問題

行道樹最大問題莫過於蟲害、臭味等環境衛生問題。當發生病蟲害、臭味時，不僅損害景觀同時也會影響道路舒適度。面對病蟲害的防除，公共空間盡可能避免使用農藥。採用樹種以少病蟲害為主以及不具備臭味、刺等為基本原則。如黑板樹開花時，散發刺鼻臭味；而掌葉蘋婆同樣在開花時也發出令人不舒服的氣味。尤其木棉於每年四月棉絮飄落，造成路人呼吸道過敏等問題。此外；行道樹落葉也成為一大問題如楓香、落羽杉、大葉欖仁等。當樹木進入休眠時期，落葉中的養分再度回收以作為養分循環利用。因此利用去年儲存的能量展葉，直到落葉期間又儲存下一年度能量準備，竭盡葉子所能。若考慮落葉清掃費時而提早修剪，反而阻斷了樹木回收養分的機會。

❖容易移植且好管理

行道樹的種植，常因工期的影響而未能配合移植適期。採用的樹種，也受到移植存活度左右。所謂存活率；為移植過程的生存判斷。例如：移植適期、土球大小、發根量、種植及根系養生等對應存活度的狀態。另一方面，樹性也與存活度有直接關係。一般存活度高，移植後適應能力也較高。為了確保存活率，移植存活低的樹種，盡可能配合斷根及養根程序。就移植適期以樹木生理觀點，當生長為休眠期或樹體內儲存較多養分為移植適期，其他外在要素如樹性、溫度、土壤狀態、蒸散及水分管理等也會帶來影響。

移植，是將長久以來支持樹體的根系切除至少一半以上，並減少水分供給。地上部的葉量若維持現狀進行蒸散時，失去的根系無法供給以至於水分吸收失衡。樹木本身為了維持生命力，當面臨生存危機時枝葉萎縮、凋零並陷入生理壓力。也就是說，在移植的搬運過程到種植存活期間，樹體內的水分儲存為關鍵。這也是常見移植過程中，為了確保存活率而維持枝葉水分、土球水分並讓枝葉伸展以竭存活的可能性。近年來，考慮速成的景觀效應而移植大喬木、老樹等。即使配合移植適期，要恢復之前生長狀態也需耗費三－五年，甚至更長時間。移植存活率高的樹種；如山茶花、櫸木、榕樹及羅漢松等。移植存活率較低有櫻花、石斑木、苦楝等。

COLUMN

老樟樹搬家

移植，對樹木而言是終身之大事。因工程的計畫，無論種樹、移植都會發生無法配合樹木植栽適切時期。因此，也必須挑戰樹木的能耐與生存意志。

當一棵大樟樹，被種植於田埂之間超過半世紀之久。在農人的眼裡，這棵大樟樹提供了綠蔭也間接影響了稻苗生長。反而農夫與大樟樹長久以來共存，也成就了不可替代的情感。面對大規模的工程，大樟樹無法避免搬家的命運。樟樹為常綠樹種，不比落葉樹種於冬季期間還會落葉休眠。因此無論在移植、種植或修剪，盡可能是配合樹木生理為前提。如減少壓力避免嚴冬時期作業，進行斷根養根處置以確保存活率等。然而，大樟樹收到突如其來的搬家資訊，想必也讓大樟樹措手不及。不僅未能預先斷根養根，而且還於嚴冬期進行移植。就大樟樹的立場，完全為不利的條件，也可以說是置身於生命危機之中。

大樟樹搬家的第一件事，首先進行樹冠修剪。因根系被切除之後，少了大部分的根系就難以供給樹冠上的眾多枝葉。保持樹冠與根系之間的平衡，為減少樹木壓力之一環。其次，因移植而減少養水分的吸收，藉由掛設點滴以維持樹木生理機能。移植後，不斷一波一波寒流來襲，也感受樟樹的生命力。每當寒流來襲時，樟樹總是預先喝足水，為了防止能量流失猶如寒風中靜止不動的等待寒流過境。大樟樹經歷三個月後，終於在春天展開幼芽，恢復了生命力。對於樹主而言，猶如奇蹟。

❖行道樹的具體條件

一般都市土壤的土層淺，缺乏養分、貧瘠且惡化並夾雜許多廢棄物及水泥石塊。都市環境自整體氣象、土壤基盤及管理等為行道樹生長為不利的條件。當計畫篩選樹種時，必須具備環境耐性的條件。就算挑選最健全樹種，也會因為環境條件不合而枯損，失去行道樹景觀意義及價值。

樹木與草本植物最大不同，為不斷的持續肥大生長。樹木根系的總量為地上部三分之一，若強剪而減少枝幹，之後樹幹及樹幹基部容易出現分孽枝，或自樹幹直接生長小芽，稱為幹生枝。以上枝條皆容易使樹形崩壞失衡。一般行道樹須具備以下條件：

❖樹形完整，枝葉健全

行道樹的條件，不外乎明瞭的主枝、副枝的骨架。依據樹種不同，一般樹高約三、四公尺之間，直徑八至十公分為對象。在此時期的樹木，不僅生長旺盛而且持續不斷的向上生長。若是超過此時期的樹木規格，樹幹容易彎曲並失去直立樹形，管理階段就顯得更為困難。因此為避免管理後續，盡可能以直徑八至十公分的幼木進行樹形培育。另一方面，行道樹的外型，應配合其應有的自然樹形特性。樹幹依據樹種特性，區分單幹或是叢立狀。最重要的是，具備活力且為健康狀態。

除了整體枝條伸展均等以外，枝條與枝條之間的寬度也非常重要。如樹幹的枝下高度，也就是自地面往上高度約二至三公尺之間，一般為生長力最強的枝條。因此，枝葉分配以四方均等、枝葉密度良好為原則。同時正常葉形、葉色、生長健全無枯損、落葉、變色等狀態。樹皮不具損傷、無嚴重痕跡等維持一定的正常狀態。若有徒長枝、枯損枝、斷裂等必要時配合修剪處理。

❖自幼木時，具備充實的樹冠

行道樹生長容易受到限制，嚴重時枯損。近年來，種植行道樹考慮速成，採用已具備一定的樹冠密度的成木。儘管對於短期內景觀上，確實可達到一定的效果。相較於樹冠的伸展，根系生長速度小、伸展空間受限而容易受風傾倒。不僅如此為了要能支撐，植栽基盤或支架的安置的費用也不符合經濟效益。

一般自苗木階段進行篩選，培育樹木及樹形等有助於適應新的土壤環境。同時地上及地下部雙方也達到平衡，具抗風機能。然而，當植栽環境不適當時，幼木發展至成木階段容易出現衰弱、枯死、樹形崩壞等各式各樣問題。因此考慮樹木生長階段，採用樹冠已形成的幼木，既能符合經濟效益，也能確保樹木適應能力。一般依據樹種常用規格以二至三公尺，直徑六至八公分前後。幼木期間生長旺盛樹種，主要有榔榆、櫸木、山櫻花、苦楝、鳳凰木、相思樹、茄苳、樟樹等。直徑約六公分前後的幼木，通常植栽於適當的生長環境根系伸展旺盛，具備較強的耐風能力。其他，生長速度且樹冠形成較慢的樹種有冬青類、榕樹、楊梅等常綠闊葉樹種。這一類的樹種在採用過程中，盡可能選擇構成樹冠一定程度為對象。再者根系發達，土球細根多、根系未損傷、適切的濕潤度及土球大小也決定了樹木適應能力。

❖ 根系健全及少病害

行道樹生長的環境相較於森林、樹林內的樹木，缺乏自然生態循環。面對道路環境的命運，必須理解樹木生長條件，以維持最低限度。尤其移植時，受限的植栽環境之下，根系伸展受阻，若在非移植適期進行移植，根系的恢復能力降低。行道樹不比其他庭園樹，可以採用較好的良質土。藉由使用良質土，於移植過後，能盡速確保水分及養分的吸收使細根發達。細根少的樹木，一旦移植要能適應環境需要較長期間，同時樹體容易衰弱、枯損，導致樹形變亂以至於枯死等情況。當篩選苗木須注意蚜蟲病、黑煤病、樹幹腫瘤等以及重度腐朽等都會影響根系生長，必須於植栽之前進行調查檢視。害蟲之中需特別注意小蠹蟲等，這類的被害為永久性，不同於食葉的毛蟲、捲葉蟲等為一時的被害。掌握過去發生過的病蟲害，或為輕狀、痕跡不明顯且後續生長健全等都為評估要素。

COLUMN

小蠹蟲

小蠹蟲，為樹木的穿孔蟲代表之一。其他如常見的天牛、象鼻蟲等也為穿孔性的甲蟲類。樹體上穿孔的昆蟲，意外的多。穿孔性害蟲，因針對永年性生長並具備木質部的植物穿孔，如林業、綠化樹木、果樹園藝等都受到很大的威脅。而受到穿孔的樹木因樹形受損、材質惡化、樹勢衰弱伴隨而來的枯損，損失極大。小蠹蟲的成蟲受到衰弱樹木的吸引，於樹幹的樹皮下穿孔並展開放射狀的幼蟲孔。然而，小蠹蟲的大發生也與氣候有直接關係。如暖化帶來的酷熱、乾旱，當樹木面對環境壓力時也讓害蟲有入侵的機會。

老楓香與小蠹蟲

大溪著名的大艽芎古道入口邊坡處，種植了一棵大楓香。依據樹木大小初判至少近八十歲高齡。樹木的管理者說明；這幾年來楓香並不旺盛，因為在邊坡，很擔心重心不穩而傾倒損壞周邊的建物。同時考慮此地為自然生態的古道，若要伐除也感到萬分可惜。無論如何，極力想保護大楓香世代相傳。當調查人員進入邊坡調查，大楓香的根系緊抓著邊坡上的土壤，其蔓延的面積，在在感受楓香的巨大與生命力。當攀爬至最高點，眼前巨大樹幹軀體，訴說著無盡歲月。然而究竟大楓香為何而衰弱?令人感到遺憾，大楓香的主幹出現許多孔洞。堅硬的樹幹，猶如海綿狀的疏鬆。確實，在考慮安全的角度上是必須伐除。但在另一個角度來看，若可以確保安全性也是有其他選擇。

大楓香治療第一關卡為樹木外科。我們對樹木外科的概念也許很薄弱，簡單說就是清除腐朽部位，再以人工樹皮美化。當進行清除樹幹腐朽部位，接連出現的小蠹蟲、白蟻等不斷登場。小蠹蟲感受楓香的衰弱，樹皮下穿孔並展開放射狀的幼蟲孔。接著，白蟻尾隨孔洞帶來的腐朽，食害木材組織。由於經過多年，腐朽面積超出預期，間接的也會影響樹體的物理支持力。每當清創面積不斷擴大，感受樹體的苦痛同時也更為憂心。治療團隊協助大楓香根系伸展，將腐朽化為根系是一大挑戰。配合樹冠修剪減輕樹體重量，養生經過一個月後大楓香枝葉更新，根系也開始生長。再次感受大楓香的生命力。

小蠹蟲與楓香。

第七章
行道樹問題與對策

行道樹；當種植後進入養護管理，需要以生物觀點來看待樹木。所謂生物觀點；就樹種而言，可以分為常綠、落葉等，不論任何樹種，於種植後展開維持管理才為綠化的開始。樹木為生物，因此沒有完全相同的一棵樹，即使在樹形、枝條伸展也各式各樣。行道樹具備生命力及四季變化，當衰弱枯損、病蟲害或過度伸展影響周邊環境時，配合管理以確保樹木及環境安全。

❖ 環境支配的生活模式

植物受到氣候、土壤、降雨量而決定自然分布。其中，氣溫也左右了樹木生長要素，如最低氣溫與最高氣溫。雖然最高氣溫影響程度有限，而日照指數與自然分布有著很直接的關係。氣溫同時也與植物的蒸散、代謝、呼吸作用有關，更是直接影響生命活動。對樹木而言，適當的溫度是介於最高氣溫及最低氣溫之間。植物自生長開始、經過發芽、開花是與最高溫度有關，而生長停止或落葉期間是受到最低溫度所支配。溫度是隨著樹種不同而有差異，一般多數的植物於攝氏五度前後開始生長。如熱帶樹種普遍為攝氏二十五－四十度為光合作用最適切的溫度。在台灣常見暖地植物有樟樹、香楠、楊梅、桂花、冬青、榕樹、山茶花、海桐、蒲葵等樹種。

❖ 行道樹澆灌概念

行道樹的土壤水分供給，仰賴大自然的降雨。降雨後滲透至地中，水分保持於土壤使根系吸收。受到都市環境的變化，雨水的滲透量逐漸減少。尤其炎熱夏季，當水分補給不充分時，常見沿路零星枯損的行道樹。一般行道樹的灌水量受到綠帶大小、樹種、灌木群及種類影響。通常完成定植的樹木，每一次至少需 10 ℓ/m^2 的水量並定期澆灌。而新植樹木，當植栽基盤不良時；至少一至二天內澆灌一次。總言之，比起每天少量澆灌的次數，盡可能以大量水量澆灌，平均兩天一次為最低限度。再者，澆灌的時間以避免中午日照強烈時段，最好在早上及夕陽落日時段。若非不得已在中午日正當中時澆灌，需避免葉面灑水以影響蒸散。

❖ 日照與陰陽樹

樹木最大特徵，在於樹冠上方生長旺盛。若長時間放置不管時，先端部位生長過於旺盛、枝葉密度過高，接連影響下方枝葉逐漸衰退及萎縮。為了確保枝葉均衡並發揮樹木本身機能是必須理解樹木的生長特性。

樹木，可依據樹種的日照需求及耐陰程度區分。就型態而論；葉形小且硬、色濃，為陽葉。反之，葉大且薄、色淡為陰葉。陰陽葉的掌握，有助於樹體日照角度的判斷。對樹體而言，落葉性的針葉樹、闊葉樹，大部分為陽樹或中性樹。而常綠闊葉樹及常綠針葉樹，主要以陰樹為多。多數的開花樹種，如櫻花樹需充分日照為陽樹之一種。但也有例外，如山茶花等可耐日照是介於中性樹與陰樹之間，即使日照不良也能開花。基於自然分布與地域性樹種的判斷，是有助於環境植栽計畫。

行道樹處於各種環境條件，必須理解樹種特性以及環境要素。例如：東西向道路，因位於北側的行道樹受日照少，配合耐陰樹種如楊梅、杜英、榕樹、相思樹、白千層等。相對地，位於南側的行道樹，因日照充足可配植開花樹種如紫薇、流蘇、山櫻花、阿勃勒、黃槐等。但是當日照條件良好，樹木枝葉容易生長旺盛，須配合適當修剪管理及樹間距離的預先規畫。若為南北向道路，位於東側的行道樹日照集中於上午，適合陰樹、陽樹及中性樹。由於綠蔭可防止西曬，需考慮以夏天修剪管理少的樹種；如大葉欖仁、小葉欖仁、紫薇、鳳凰木等。部分受到西曬容易使樹木葉子燒烤受損，耐西曬樹種如光蠟樹、冬青、洋玉蘭、合歡木、木槿、石斑木等。位於西側道路的行道樹日照集中於下午，當種植為常綠樹種且樹冠茂密時，整體空間容易暗沉，須配合疏刪修剪以確保通風日照。近年來隨著都市更新與建設，道路日照空間也受到很大的限制。行道樹的機能植栽，藉由微氣候模擬分析也逐漸成為趨勢。基於行道樹位置的日照量、風環境等配合樹種調整以發揮機能，為現代行道樹設計目標。

COLUMN

陰、陽樹

樹木，生長所需的日照量各自不同。主要可以分為陰樹、陽樹及中性樹。陰樹；意指生長所需要較低的日照量。換句話說，在日陰下也可以生長可耐日陰，稱為耐陰樹種。即使是陰樹，也並不是日照少就可以生存，而是陰樹能耐日照量少的性質。若缺乏日照時，葉子就無法健全生長。相對的，陽樹生長時需要較多的日照量，當日照不足容易生長不良。陽樹需要較多日照，若在老齡的森林、樹林內雖無法生長，但在若齡的林內為優勢。中性樹為陽樹與陰樹之間的性質，喜適當的日照量。

❖行道樹的環境風險

行道樹面臨都市環境最大考驗，莫過於風害。常見受到風害所造成的損害，可以分為「枝幹斷裂」及「連根拔起」兩種。當中，枝幹斷裂也有程度之分如主幹斷裂、粗枝斷裂、枝葉受損等各式各樣。樹幹的斷裂，常發生於颱風季節的強風、暴雨。樹木受到強風的襲擊，容易直接造成樹幹斷裂，枝葉搖晃使樹幹材部的纖維損害，接連著樹幹斷裂折損。這也與樹幹腐朽有直接關係，不適切修剪時易造成材部（心材＋邊材）腐朽，如此一來便無法承受風壓。所謂不適切修剪所帶來的腐朽，為腐朽沿著修剪痕進行至樹幹內部，如同中空的吸管一樣。其他也有因割草機所造成的傷口，導致樹幹損傷腐朽並提供了病原菌或小蠹蟲入侵管道，使材部腐朽而斷裂。當然還有樹木本身的問題，如深根性樹種多數發生樹幹斷裂，較少有連根拔起的現象。喜濕地樹種柳樹、落羽杉等材質易腐朽，樹齡較短。

植栽方式也會影響承受風力物理性，如密植時樹冠小、枝幹細長，欠缺耐風性。行道樹佇立於道路旁，受到風道的影響無法避免強風，僅能以物理方式配植以減弱風速。更重要的是，藉由養護的修剪手法、樹種進行預防調整。目前許多行道樹處於排水不良或不適當土質，如黏土質或廢棄土等植栽環境。甚至多為淺根性質樹種，於有限的植栽穴內根系伸展受阻導致樹勢衰弱、腐朽多發。藉由植栽基盤改善通氣及透水，確保根系生長空間提升樹勢旺盛，樹幹才能具備一定的抗風能力。

行道樹發生連根拔起，多數樹幹異常少，較為健全。由於淺層植栽基盤使根系無法伸展，以至於整體傾倒。同時排水不良也容易發生連根拔起，如台北盆地部分地區因地下水位高，當植栽基盤過小、根系受限，隨著樹冠風壓增加而無法支撐。近年來行道樹的移植，土球強制切除縮小，當樹冠與土球之間失去平衡也避免不了連根拔起事件發生。尤其植栽穴過小，根系無法充分伸展更是難以支撐地面樹體。因此過度縮小的土球，連根拔起的機率就更高。為防止行道樹連根拔起，也只有讓根系有足夠生長空間，並使用良質客土以促進根系生長。當植栽穴小的情況下，種植小喬木時即使面積小根系深入，某程度上也可避免連根拔起。常見為了考慮景觀上的效果，縮短植栽距離以密植方式，不久後成為細長的樹冠且每棵樹的重心變高。植栽時，確保一定的植栽間隔，使樹冠有充分的伸展空間，重心低形成寬廣的樹冠；如寬廣孤立樹冠的行道樹，即使受到強風也足以抗衡。常用行道樹的樹種，一般植栽距離以六至八公尺，而郊區大道以十至十五公尺。由於樹木為活的生物，不管是面對深根或淺根樹種，適切的植栽間隔、植栽基盤及排水與客土，都可避免連根拔起的發生。

樹木受風害的型態；依據樹種及植栽基盤而有所不同。通常容易發生連根拔起如福木、柳樹、紫薇、烏桕、榕樹等，而枝幹受損斷裂也有山櫻花、欅木、山茶花、鳳凰木、瓊崖海棠、相思樹等。樹木的耐風性質，主要依據葉、枝條，樹幹等受損的程度及傾倒性質。如開花樹種不耐強風，反而針葉樹種的枝條因韌性而耐強風。儘管風為樹木生長所必須要素，同時也奪取枝葉水分。樹木受到風壓時容易出現枝葉乾燥、新芽枯損現象。由於樹木的生長點集中於枝條先端，若長期受到風的刺激，容易出現生長遲緩的現象。過去以來；行道樹的風害難以界定是人為或為天災。重要的是；如何改善行道樹植栽環境，如透水、通氣性良好時根系伸展空間俱足，就算是風害引起的災害也可認定為天災。

❖ 樹形的更新

何謂樹形更新？簡單來說，可以自以下兩個觀點理解。其一，整體樹形骨架的調整。其二，縮小樹形或調整不良樹形。樹形更新，主要是針對影響樹形要素如樹幹、枝條平衡、枝瘤、亂枝及枯枝現象。同時為了維持整體統一美觀，調整枝下高度也為重要項目之一。無論計畫樹形擴大、縮小等是基於診斷評估後，重新設定目標樹形。樹形更新導入強剪，通常需耗費多年才得以回復。樹木；受到日照條件、植栽基盤條件的不同，生長也隨著受到影響。面對不同條件的樹木；當過於旺盛時以控制管理，而生長不良時以培育管理方式因應。

樹形更新的需求，是需要高度修剪技術。關於修剪知識與技法，請參照修剪章節。尤其執行強剪管理必須配合生理考慮季節，目的以減輕樹木負擔。一般常綠闊葉樹於春天新芽伸展之後，經過展葉後穩定的時期，而落葉闊葉樹種以生長休眠期，如冬季落葉期間。依照樹木特性，切口萌芽的方式也各自不同。常見的樟樹若以返回修剪，切口萌芽力較旺盛；反之櫻花樹的切口萌芽力較弱，返回修剪時樹幹容易出現腐朽。再者，樹木的切口癒合速度也不同；櫻花樹癒合速度快，約一季甚至兩個月期間便出現癒合組織。樹形的更新必須理解枝條伸展方式以及伸長量，讀取一年後樹形生長狀況，同時具備樹木生理、生態的基本知識。而修剪技術者，並非只是單純枝葉去除的作業，而是感受樹木的生命力進行修剪。這麼一說，總有與科學相乖離，然而修剪也如同花藝一般為內心與外觀之間感性的呈現。

縮小樹形；常見將樟樹、榕樹、櫸木等大喬木縮小的修剪管理。無論任何樹種，需訂立目標樹形並決定切除的位置。若以切除粗枝為主，常用返回修剪手法，之後出現於切口的萌芽枝進行篩選並截短，其餘截除。第二年後，再度篩選健全枝新發的枝條並適切截短，以此為順序縮小樹形。然而，並非所有樹種皆有萌芽枝，當先端沒有枝條時必須配合返回修剪回到枝條基部為原則。如樟樹，因分枝多、圓型樹形能提供較大綠蔭為行道樹代表樹種。當無法確保空間時，必須配合返回及截短修剪。即使強剪因萌芽力旺盛，所恢復樹形的時間也較短，為了讓樹形能盡快回復以保留樹形的骨架為前提。一般回復目標樹形需耗費三－五年期間。此外，枝瘤法為近年來導入修剪手法，也為返回修剪手法之一。藉由枝瘤形成，反覆修剪相同位置所伸展的枝條。枝瘤是癒合組織所形成，當枝瘤越來越大也必須切除。一旦切口處理不慎，腐朽菌也容易入侵至樹體內。為了不造成樹木負擔，枝瘤切除以三－五年一次並分期進行。

❖ 行道樹生長根本

常見的行道樹枯損，多數原因為植栽基盤問題。其他，除了褐根病根系腐爛還具感染性以外，當樹木遇到病蟲害，即使受到部分食害也具備枝葉再生能力。因此，在新植計畫時考慮植栽穴大小、用土及排水等可避免日後行道樹的衰退與不健全。植栽基盤出現問題，需自根本的植栽土壤環境進行整頓。若植栽基盤問題小，於植栽帶或植栽穴內換入新土或設置通氣管以促進根系通氣及更新。嚴重時需配合樹木生理進行開挖，調整土質及通氣透水狀況。

植栽基盤也與竄根有直接的關係。因根系無充分的伸展空間所導致，根本的解決方式，除了植栽基盤整頓，並無其他有效對策。當竄根程度較小時，需確認樹木傾倒可能性並將竄根切除。近年來為了防止竄根，導入根系誘導耐壓基盤的道路鋪設材料以改善道路下的土層，混入粗粒的材料引導土壤內空氣流動，確保根系自由伸展空間。

❖ 櫻花種植趨勢

近年來，櫻花樹為行道樹新趨勢樹種。就景觀而言，櫻花樹確實為首選景觀樹木。然而櫻花樹為典型的陽樹，對於日照需求度高。往往考慮行道樹列植效果，忽略植栽間隔以至於生長不健全，花況不如預期。就櫻花樹生理角度來看，其萌芽力弱、樹形易亂、多腐朽為其缺點。尤其面臨老化、衰弱時，不但切口難癒合且腐朽菌也容易入侵，使樹幹斷裂危害道路安全。尤其，當櫻花樹的樹冠增大時，需進行粗枝修剪，切口癒合時間長，容易受腐朽菌的入侵，進而發生樹幹腐朽等問題，嚴重時枯死。櫻花樹本身樹齡較短，通常嫁接平均壽命約六十年左右。隨著老化、枯損，需配合定期的換植以確保道路綠化景觀。

COLUMN

櫻花樹起源

櫻花原產地為日本，但也有來自中國雲南的說法。而歐美櫻花樹即櫻桃樹，是以食用為目的櫻花樹。賞花的櫻花樹，分布於亞洲中部、東部等地區。中部以印度，靠近喜馬拉雅山的高山地帶，為著名的喜馬拉雅櫻。這種櫻花為高山生存種，介於日本櫻花與台灣山櫻花之間，花色淡粉。而中國，到了近世才漸漸發現多樹櫻花品種，集中於西部、西南部地區。這些品種，相似於日本的山櫻花。

日本開始將櫻花樹種植觀賞，距今至少一千年前開始。在唐朝中期以後，日本的皇族、貴族們已將櫻花樹作為賞花的重點樹木。古代所欣賞的櫻花樹，是以野生種為主，並沒有如同現今八重櫻這樣的栽培種。隨著賞櫻成為宮廷宴會的一部分，也漸漸栽培許多變種品種。八重櫻也在南宋時期，成為日本寺院主要種植的櫻花品種。八重櫻的起源，至今也近一千年的歷史。到了十七世紀以後，染井吉野櫻於東京栽培並成為今日行道樹的主要櫻花樹種。

在台灣，染井吉野櫻至少有一百年的歷史。日治時期，隨著阿里山鐵路的開設，感念思鄉之情而試植染井吉野櫻，以至於今日成為賞櫻觀光景點之一。染井吉野櫻出身於都市，能夠適應高海拔山區環境，實為可貴。染井吉野櫻的壽命眾說紛紜，據說僅能生存為六十歲。若刻意種植於人工基盤，其壽命達到五十－六十年前後即出現樹勢衰弱、甚至於枯死。日本的染井吉野櫻於戰後廣泛種植，至今超過六十歲以上，數量眾多也面對老化枯損的危機。然而，早期種植於公園內的染井吉野其壽命約一百三十歲，其他如小石川植物園、新宿御苑等也達一百－一百二十歲左右。染井吉野櫻通常超過五十歲以後，樹幹伸展能力減退，容易出現枯枝等現象。同時也容易感染簇葉病、樹幹腐朽等病害。由於不定根旺盛，容易出現萌芽枝。因此伐除母樹後，還可藉由萌芽枝引導下一世代，新舊交替。

❖全島最高齡的染井吉野櫻在阿里山賓館前

相對於日本國內的染井吉野櫻，在台灣自日據時期開始，因阿里山森林的開發契機，陸續展開櫻花種植計畫。而今，也保留數棵珍貴百年老櫻花。全台最高齡染井吉野櫻，位於阿里山賓館與阿里山觀象所（現今的阿里山氣象站）兩處。其中阿里山賓館（舊館）前，更為首屈一指的染井吉野櫻。阿里山賓館；建於一九一三年，為阿里山地區內最具歷史住宿設施。據當時為迎外賓，種植染井吉野櫻，歷經一世紀之久，適應台灣土地並深根茁壯，可以說是台灣重要歷史自然資產。

日治初期；自日本取得染井吉野櫻，進而育苗試植實驗。由於試植成效不如預期，經歷十五年後才大規模種植，成為阿里山著名花木，更一躍為全台賞櫻勝地。染井吉野櫻可說是；隨著阿里山的開發而導入，背負著深厚的歷史記憶。

然而，染井吉野櫻，近年飽受簇葉病害侵襲，瀕臨枯死危機。所謂櫻花簇葉病；為染井吉野櫻常見的病害，藉由空氣傳播感染，不僅影響開花、枝條變形，嚴重時甚至枯死。再者；阿里山氣候潮濕多霧，環境更是助長蔓延感染。過去以來，我們對櫻花簇葉病害非常陌生，往往一昧的施用藥劑，以至於樹況每況愈下。除此之外，老樹出現多處腐朽，受到碳化燒烤導致樹幹斷裂，猶如廢木。

面臨空前絕後危機，二〇二一年秋天，嘉義林管處偕同日本樹木醫、阿里山居民代表、阿里山賓館等相關人員現地勘查，目的以拯救最高齡染井吉野櫻，保全阿里山珍貴自然資產。重症的老櫻樹拖延十年至二〇二一年，滿身瘡痍的樹體及病枝葉，微弱的氣息也只剩下哪麼一口氣。面對救治百年櫻樹；多了幾分的敬畏與不安。這像是面對高齡癌末病患，救治總是戰戰競競。此刻，憑著救治的信念，那怕是哪麼一絲的希望，都無法輕言放棄。

樹木的救治，只是減輕樹木的負擔，並引導樹木自然修復。如此浩瀚神祕的大自然生物，豈是人類能完全掌握；換句話說，人類是無法戰勝大自然。這也是面對老樹，時時刻刻抱持敬畏的態度！

我們將重症的病枝葉、腐幹清除近九成，並進行植栽基盤整頓，將腐爛泡水的根系清理，促進新根的生長。看似簡單的作業，每一個環節都是步步為營。同時考慮阿里山自然環境，救治以自然為本，避免外力之肥料及農藥，以求與自然共生。

經過了一季，百年老櫻樹像是奇蹟式的復活。受到伐除九成的枝幹枝葉，重新展開枝枒，訴說著重生的喜悅。逐漸恢復的老櫻樹，將與我們相伴在這塊土地上！

經過緊急搶救，而今跨過枯死關卡，二〇二二年春天，首度開花。百年的生命，見證歷史更延續下一世代。

櫻后於救治後2022年春天，首次開花。

第八章 樹木根系空間

樹木根系的活力，關係著地上部枝幹的健全性。地上部與地下部兩者生長關係為表裡一致。土壤為根系的生存空間，若無充分的土壤環境是無法確保樹木健全的生長。為了維持樹木活力，首先必須了解樹木根系的特徵，才能確保土壤環境與根系之間生長環境。

❖樹木根系特徵

根系與土壤之間的關係與樹木特性、生理、生態等有關。當土壤影響樹木時，樹木也同樣影響土壤，彼此之間環環相扣。

❖根系伸展習性不同

依據樹種不同，各自基因要素構成根系生長模式。樹木之間共通的習性，如順著重力方向往下伸長稱為垂直根系，也有垂直往下伸展後以一定角度斜出，稱為斜出根系。其他與地表面平行方向伸展為水平根系。水平根系的樹種，即使在土壤層淺或深的情況下都可以生長。但是，深根型的樹種，在土壤層較深時可以生長良好，反而土壤層淺時容易出現生長不良的狀況。由於根系受到限制，當往下伸展的根系受到阻礙，就無法發揮機能。因此，土層淺時種植水平根系的樹種。深根性的樹種，預先確保土層厚度使根系能充分伸展。

一般常說，樹木根系分布在樹冠內的區域寬幅。但也有部分樹種，根系伸展遠超過樹冠外的水平根系。僅停留在樹冠內伸展根系的樹種反而少。如此一來，究竟樹木需要多大的空間才能適當的生長，至今依舊無法確實判斷。但也可以就根系吸收的範圍掌握，如細根百分五十的分布範圍集中於樹冠半徑之內，以此作為樹木管理面積的一個基準。實際上，植栽時要確保面積也確實有其難度。原則上以根系能夠伸展的面積越寬闊越好，特別是行道樹改以綠帶狀種植，這要比單獨的植栽穴提供了更寬廣的空間。

另一方面樹冠生長茂密，根系也會彼此之間出現相互競爭的關係。植栽的土層，存在許多的大型石礫、不透水層等，這也讓原本根系形態出現許多的變化。換句話說，根系除了先天遺傳要素，也會受到後天環境的物理條件影響。如黏土質時，根系容易伸展不良；其次為砂質土，而最適切為壤土。樹木若種植於黏土質時，下雨時黏土易於分散，變得黏稠、摩擦抵抗也隨著減少。當持續晴天時，反而黏土粒子因乾燥而固結如同水泥般，這類的土性是非常容易阻害根系伸長生長。一般土壤表層分布細根多，同時表層的有機物、孔隙量、氧氣量較多進而促進生長。相對之下，越到下層土壤的孔隙越少，根系生長也就越為不良。

❖ 根系與環境的影響

樹木要能健全生長，前提之下需健全的根系。根系與乾濕、土性、通氣等土壤的物理化學有關。尤其根系生長，容易受到土壤水分的影響。例如；部分樹種於濕潤地生長良好，但過濕及乾燥則容易生長不良。再者，細根的外部形態及組織也會因土壤水分而出現變化。常見乾燥地，吸收根的數量較多、細且短、木質化偏早等。相對的，生長於濕潤地的樹木因吸收根少、粗且長。根系呼吸時需要充分的空氣，並釋放二氧化碳。主要是以氫的形態被固定於土壤粒子表面，並作為養分吸收。也就是說；根的呼吸與養分吸收之間有密切的關係，新生白根的機能為呼吸作用及養分吸收。

樹木白根。

❖根系與地溫關係

根系生長，也會受到地溫的影響。冬季至春季之間，隨著地溫的上升，根系生長旺盛。根系生長於攝氏五度前後開始，十度以上開始活躍，其中以二十－二五度最為旺盛。但是，這需要持續維持一定氣溫，同時地溫升高才能達到促進根系生長效果。一般地溫高，可促進土壤中有機物的分解，供給養分。反之秋季至冬季之間，因地溫的下降導致生長減少。即使冬季地上部的枝葉活動停止，若能確保地溫，根系也可以持續生長。

❖根量與葉量之間平衡

樹木進行修剪時，因切除枝條同時失去大量的葉量。葉作為光合作用進行物質生產，當葉量減少時地上部、地下部的整體活力也隨著降低。當失去超過一半以上的葉量，容易影響成長量。儘管依樹種不同而有所差異，通常失去超過百分之七十以上葉量容易導致枯損、甚至枯死。由於葉量減少，直接影響根系儲存物質以外，還有細根的生長。隨著細根先端活力降低，接著吸收能力低下，移動至枝葉的物質也會受到限制。因此葉量減少時，根系活力降低也阻礙樹木生長。隨著細根成長，日常發生枯死、脫落的根；

經由分解作為土壤養分，之後所殘留的土壤孔隙也提供物理、生物效益並改善土壤。

COLUMN

根的精氣

樹木的發根及生長，也與根的精氣有很大關係。當春天時，因為根的精氣強，所以發根也旺盛，此時移植容易存活。夏天時，由於樹冠枝葉精氣旺盛，根的精氣較弱，因此發根不良，樹木一旦移植容易枯死。隨著季節，根系的生理現象也不同。就現代的樹木生理詮釋；是以季節的展葉、伸長、發根現象、植物激素變化、儲藏的物質移動理解。

另一方面，古代對於移植樹木，認為移植時若不適時疏伐枝葉，受到風的影響根系容易動搖。更認為移植枯死主要因素，在於受風而動搖根系。過去以來，移植時因切除根系，使水分吸收量減少。為了控制樹冠枝葉蒸散，必須疏伐枝葉以確保生存。雖然古代移植樹木並非以樹木生理、物質吸收等作為出發點，但就根系活力的確保觀點上，確實也為樹木生理的一環。

❖ 樹木種植基盤概念

一般對於植栽土壤基盤的概念；認為即使土壤環境不良，植物也可持續生長。甚至誤解只要開挖種植，就可以在自然環境之下生長旺盛。這些植物在惡劣土壤環境之下生長，為了生存是需要花費許多努力。假設，換成其他植物又或許早已枯死。通常在這樣情況下，許多植物基本上是失去良好的生長環境。常見都市內部，許多人工基盤的樹木因生長不良而枯損。主要原因為植栽基盤下層土壤受到重壓，導致土壤硬化及透水不良或缺乏養分等。面對人工基盤的植栽環境，若要讓樹木健全的生長，就必須調整植栽基盤，僅依賴樹木本身的生長確實有其困難。

COLUMN

老樟樹共生

我們如何與樹木共生？這是一個與自然共生的故事。

一棵老樟樹，坐落於斜坡並度過了半世紀以上的歲月。隨著山坡地的開發，間接影響了老樟樹的生存基地。屋主選擇了這塊地，是為了能與老樟樹共生。然而，面對接踵而來的工程，老樟樹的生存也岌岌可危。站在工程的角度上樹木也許只是一個要素，而非生命體。以至於容易忽視了老樟樹應有的生存空間。屋主情急之下四處尋求挽救方式，只願能挽回衰退的老樟樹一命。前往診斷時，遠處就可看見稀疏的枝葉，猶如垂死掙扎。老樟樹受到夾板式圍起，根系及土壤在密不透風的環境下，開始發臭。不僅如此，受到廢棄土的堆放，根系嚴重腐爛退化。我們常常在公園走動時，都可以發現樟樹為水平淺根樹種。若是一個不小心，還有可能被根系所扳倒。換句話說，樟樹的根系習性不適合深埋。然而，老樟樹覆土竟超過至少三十公分，根系腐爛後，樹冠開始出現枯損。同時夾板下空氣不流通、發臭積水的土壤，使不需要氧氣生長的厭氧生物增加，影響根系與微生物活動。老樟樹生長每況愈下，出現枯枝落葉，瀕臨枯死危機。屋主擔憂著並輕聲問著，這棵老樟樹芳齡？當得知至少超過一甲子，驚訝同時也顯得更為憂心。接著便說，無論如何請拯救老樟樹，它比我們先在這土地上深根茁壯，豈是我們後來者可以將它趕出家門？即使為了我們生活方便的夾板，也請一併拆除。我們對不起老樟樹受了這麼多的委屈，罔顧了它的生存空間，拆除也為理所當然。更重要的是，如何挽回它的生命是我們最為在意的一件事。我們在此養老，需要老樟樹的陪伴！

當進行植栽基盤開挖，清除了過多覆蓋的土壤。同時樹皮上也出現了許多氣根，這也是老樟樹的提示。樹木雖然無法用語言傳達，但藉由樹體的變化反映過去所面對的嚴峻環境。重新整治植栽基盤，還給老樟樹清爽的空間並配合修剪。一個月後，老樟樹也藉由恢復狀態，回應著我們的付出與愛心。老樟樹遇到了好鄰居，願意珍惜它並與它共長遠共存。

❖植栽基盤定義

對樹木而言，良好植栽基盤除了具備優質的土壤，更要有適當的排水、保水及充分有機質。適當的生長基盤，即促進根系伸展以及生長所需要的空氣、水、養分。人工基盤的環境與自然地大大的不同。試想，公園綠地的主要水分來源供給為雨水，而花台或人工基盤的植栽穴通常面積小，土壤容易乾燥必須配合固定灌水。一旦灌水過多時，又容易造成根系腐爛阻礙樹木生長。樹木尤其容易受到地形及土壤影響，如排水不良、積水等易發生根系腐爛，進而整株枯萎。甚至導入的客土品質等也會影響樹木，出現枯損或不良樹形等。

所謂植栽基盤，即以不妨礙植物根系生長，並提供養水分吸收為條件。在某程度上需具備一定的土層厚度、面積以及排水層。土層厚度除了有效土層以外，必要時還須設置排水層。一般種植時，依據樹種的不同，有效土層也不同。有效土層為生長所需的土壤厚度，又分為上下層。上層，為根系的吸收區域需確保根系可伸展的空間、富有養分、充分透水性及適度保水性機能。下層，主要為支持根域，即使土壤為較粗、硬的土壤構造也能支持樹體生長。最下層為排水層，原則以有效土層的底部不積水，當透水性良好時，不須特別處理。除了土壤各個層位要素，也必須考慮根系生長所需面積。根系伸長空間是為了吸收充分的水分及養分，而植栽基盤厚度是基於容納根系整體，並讓根系往下伸展。同時，不受風害傾倒的根量，乾旱時具有一定能力可保水，且不積水的排水層。

❖ 土壤與排水

植栽用土，不同於建設用土。因土木基盤必須具備安定性狀以硬的基質為地盤，更要求覆土時的紮實。相對的；植栽所用的土壤是需要鬆軟、通氣、透水及豐富的有機質。土質的好壞也決定根系生長狀態如瓦礫、石礫、水泥塊多的土壤為不良土。其他如黏土質易排水不良，常有微生物腐敗等問題，導致土壤發臭。植栽基盤的排水性，可藉由排水狀態判斷植栽生長的環境，如大雨過後地面是否積水、半天或隔天退水狀態。通常，即使為小雨過了一天還積水時，不排除植栽基盤為排水不良地，盡可能導入土丘誘導地形，並設置排水溝等改善排水狀況。基於環境保全觀點，當土壤性質為不良土質時，避免採用客土而以現存土壤進行活用及改良。若大規模使用外來客土，則容易失去貴重的土壤生態資源。

❖ 行道樹環境現狀

行道樹的生長環境與自然環境不同，涵蓋大氣圈（atmosphere），岩石圈（lithosphere），水圈（hydrosphere）及生物圈（biosphere）等各個範疇。簡言之，空氣汙染造成大氣圈公害，影響樹木的生長。隨著都市開發的建築群、道路鋪裝等使土壤鹼性化為地圈的破壞，使樹木根系萎縮不健全。水圈也同樣在某種型態之下出現於環境的破壞，如水汙染等問題。因此，在種種環境圈的破壞之下，甚至人為也作為生物圈帶來威脅。最常發生自然枯死，來自於地圈及水圈的影響。當然，也不乏人為的破壞帶來的損傷。

都市樹木，最大問題為本身的不斷增大、老化以及過密、竄根等現象並影響周邊設施。面對大徑木、老化或過於密植的樹木，可藉由修剪或間伐重新再生樹形。當植栽基盤的惡化或植栽穴過小，導致樹勢衰退等引發腐朽傾倒，也會帶給環境上很大的威脅。例如；水平淺根系的黑板樹、榕樹等皆屬於竄根嚴重的樹種，這一類的樹種需要較為寬廣的植栽空間，並不適合植栽於人工基盤地如行道樹及建物周遭。由於竄根樹種一般生長快速需配合修剪，也會因修剪不當而引起腐朽。同時，現實上要確保每棵樹的植栽基盤也有其難度。因此為解決樹木生存基本條件問題，將植栽穴空間導入連續綠帶或樹種調整，以擴大植栽空間並配合適切的修剪以達樹木健全生長。此外，常見因踩踏所造成土壤硬化，就土壤物理角度來看硬度也會影響根系生長。因土壤硬化而致死的樹木並不多，反而因土層厚度不足，導致根系無法伸展而失去保水能力，使樹冠上方出現枯萎。

COLUMN

櫻花大道

櫻花樹種植成為一種新趨勢，不僅在私人庭園、公園，甚至行道樹都急著趕上風潮。早期以山櫻花為主要品種，近年來也不乏出現許多品種如河津櫻、吉野櫻等各式各樣。山櫻花主要分布於中國南部、台灣為早春的櫻花樹。過去以來，我們對櫻花種植並不是非常熟悉。由於不了解櫻花樹的樹性，往往種植於人工基盤後就開始出現萎縮、枯損。究其原因，多數為植栽基盤問題；如種植於柏油、水泥環境以及排水不良等導致衰弱枯死。

當櫻花行道樹的植栽基盤出現問題，救治就不是施肥或修剪可以解決。曾經面對一百公尺的櫻花行道樹救治，因過去植栽方式錯誤陸續枯損不計其數。早期因考慮現場的植栽穴，顧慮大雨沖刷而直接以水泥覆蓋，周邊砌石。換句話說；根系直接被水泥所覆蓋，強健的櫻花樹為了尋求生存不斷竄根，而禁不起環境考驗的則陸續枯死。在這反反覆覆的過程之中，即使存活的櫻花樹，因樹勢衰弱，枝幹也出現許多的腐朽。可以說是逆境中求生存的櫻花樹。

櫻花樹的植栽基盤改良，原則以櫻花樹休眠時期進行。當進行水泥開挖清除，可以

櫻花行道樹之植栽基盤整頓後開花。

發現這些櫻花樹的根系極少，部分還有扭曲變形的根系。這也反映著，櫻花樹在水泥覆蓋下根系無法接觸空氣，接著細根生長也受到阻礙。長久下來，枝葉所需要的養水分受限，如同裹小腳般維持著一定的大小。再者，因根系無法伸展失去抓地力，強風來襲時如同骨牌般效應連根拔起。簡單說；植栽基盤過小或覆蓋水泥時，根系無法充分伸展失去了抗風能力。同時土壤少了空氣的流通，根系不旺盛，進而影響樹冠上的枝葉生長。這也顯示了，植栽基盤決定了樹木健全性。以往我們誤以為只要挖個洞，種樹就可以萬無一失。對於植栽基盤的認知與重視，極為匱乏。當清除所有水泥塊，重新換上櫻花樹配方土後，經歷兩個月，櫻花樹迫不及待的陸續綻放。經過了一年，樹勢也逐漸恢復健全。

第九章
都市微氣候與行道樹

微氣候（Microclimate），也就是靠近地面氣層所呈現的氣候。因受到地表面的狀態、植物或群落等影響，產生細部的氣象差異；如氣溫、濕度、風、放射等各種要素。由於都市環境充斥著人工建築物，失去原來自然環境。原本應回歸於大地、空氣的太陽熱，卻不斷蓄積於人工建築物而導致都市熱島效應的發生。當我們生活環境周遭不斷失去綠的自然要素，不僅氣溫的變動，就連我們的身心健康都會受到影響。

行道樹與微氣候之間關係，於道路周邊形成的氣候是與大氣候有著微小差異。過去以來應用「水」或「綠地」作為氣候緩和機能。這幾年也開始強調行道樹配植的特殊機能，如植栽的冷放射、樹冠遮蔽等作為緩和都市微氣候。然而，微氣候與行道樹究竟有怎樣的關係？

❖ 行道樹枝葉蒸散所帶來的冷涼空氣

枝葉蒸散，為生理上重要機能之一。樹木的水分蒸發，主要自葉子氣孔或樹幹皮目。若兩者比較起，皮目的蒸散量僅有氣孔的十分之一以下的量。主要還是依賴葉子蒸散。蒸散可降低樹體溫度，而氣溫、濕度、風各要素也會促進蒸散活動。例如；樹冠受到風吹襲時，樹冠的水分蒸發要比夏季晴朗的水面蒸發量大。而樹冠也會阻擋風，使樹群內維持一定的濕度及氣溫，有助於其他生物活動。

蒸散降低樹體的溫度，這與樹冠外的溫度比起至少低五－六度左右。為了維持生理，樹木吸收水分的百分之九十五用於蒸散，光合作用僅占百分之一以下。蒸散維持葉溫，如同人體流汗或打水至地面降溫原理。樹木的蒸散依據樹種、健康狀態及土壤環境各自不同。當樹木及土壤環境皆健全時，想像鄉下的自然環境，當夕陽時涼風吹來，夜晚大地吸取空氣，表土因大氣的冷卻形成水蒸氣而為露水。清晨的空氣，充斥著被土淨化的冷涼氣流。涼風的流動，還可引導周圍環境；例如土壤的微生物集中於樹幹周圍，自土壤吸收水分時也促進土壤的通氣，接連冷氣自土壤地表釋放。而冷氣便與日照的溫度差引起微風，帶動樹冠下的冷氣使周邊環境清涼。樹木本身，即使為炎熱的夏日也進行蒸散，時時刻刻維持樹體的恆溫，猶如動物恆溫機能。

行道樹，夏季因高溫、乾燥，使樹木面臨環境壓力。而常見樟樹、夾竹桃等樹種因蒸散能力大，當土壤水分充足時，受到高溫、乾燥時更加速蒸散，具備較高的降溫效果。相對的山茶花、楊梅、楓香、台灣欒樹等原本蒸散量少，受到高溫乾燥時，儘管蒸散速度提升，降溫的效果卻不如預期。因此，行道樹除了提供綠蔭降溫，運用樹種本身蒸散機能也有助於改善道路微氣候環境。

❖ 生態共生混植

行道樹的土壤水分，受到氣候因素而左右。常見土壤環境出現乾燥化趨勢，若導入耐乾性樹種可隔離道路排氣，還能降低水分管理。一般耐乾性樹種葉厚、小，如常綠闊葉樹及常綠針葉樹對於乾燥土壤的耐性較高。落葉樹種如櫸木因水分需求高，考慮土壤水分特性及管理應避免種植於受風環境。近年來考慮生物多樣性而導入混植、複層植栽手法。複層植栽，雖有助於改善土壤生物相，受灌木群影響也容易缺水而導致枯損。因喬木根系深入地中吸收大量水分，而靠近喬木基部容易陷入缺水狀況。儘管如此，掌握共生共利的灌木與喬木特性，不僅可防止病蟲害發生，還可藉由複層構造緩和微氣候，維持恆常性的舒適空間。例如，鳳凰木本身為豆科樹種，因具備氮素固定能力，其樹冠內土壤肥沃。若種植以行道樹，配合灌木等即可達到共生共利的生長關係。

❖ 樹冠遮蔽與降溫

行道樹除了遮蔽風雨以外，綠蔭更具備減緩暑熱環境的效果。行道樹的綠蔭可緩和二、三度的氣溫，綠蔭的道路溫度要比柏油路低十度左右。一般如傘形樹種榕樹、鳳凰木、苦楝樹等具有較大的樹冠，可遮蔽直射日照。同時道路表面的蓄熱也受到控制，減少地面的熱放射可促進道路舒適度。此外，藉由植物的冷放射、蒸散，使通過樹下的風變得更為涼爽。另一方面，植栽距離也與綠蔭效果有直接關係，因樹冠之間彼此競爭取得光照，當密植時樹冠枝條為向上生長的趨勢。反觀孤立狀態的喬木，因四周可捕捉光照，樹冠以縱橫伸展。依據樹種及樹形所提供的綠蔭效果不同，當枝葉密集、老葉枯損等無法提供適當的日蔭，就必須配合適度修剪確保通風及日照。

當植栽工程時，因受到樹木輸送、斷根、修剪、植栽時期等影響，初期四、五年之內較難達到樹冠遮蔭效果。因此選擇的行道樹，盡可能篩選良質且強健樹種，配合土壤改良促進根系生長。同時為了避免根系受到踩踏，導入樹木養生保護措施。

❖ 風的特性與樹木

一般風速每增加 1 m/s，體感溫度約降低兩度。藉由植物、樹木等作為防風效果，不僅可抑制冬季的寒風，還可促進夏季的通風。但是當枝葉密度過高，也會因強風及狹小植栽基盤而導致斷裂及傾倒。一般樹木超過八級以上（17.2 m/s）的風速，枝幹斷裂或連根拔起。樹木傾倒的原因，除了風的外在因素，也有單純因根系衰弱而引起。如榕樹；因水平淺根可伸展根系並抓地力。但是當行道樹種植時，植栽基盤受限反而無法發揮抓地能力以至於強風來襲斷裂傾倒。面對樹木傾倒對策；除了考慮適地適木要素，還可藉由土壤改良促進根系伸展，或以支柱支撐樹體。

行道樹具備防風及引導風效能，如鄉村鄰里內植栽防風林可遮斷強風，減低風速。反觀都市內部，猶如水泥叢林，無法避免大樓風的發生。當受到大樓風影響，葉的蒸散量大於根系輸送的水分，容易處於失衡狀態。以至於枝葉受強制蒸散，而發生枯損等現象。當水分量不足的枝葉，首先可以發現葉小、變色就是受到光合作用限制。一般常綠樹種抗風能力強，針葉樹種以黑松抗風為代表。近年來，為減緩熱島效應而導入風道概念。所謂風道為一九八〇年代德國普及的環境共生都市計畫手法。考慮周圍丘陵地，風弱的盆地都市以緩和大氣汙染、夏季暑熱，自丘陵斜面誘導新鮮空氣進入都市中心，以此通風、換氣的手法。換句話說；利用微氣候模擬，海風順著河川、綠地等進入都市內部街道，降低周邊空氣溫度。風道可藉由行道樹抑制風的溫度上升，帶來體感溫度下降等效果。

❖ 行道樹與微氣候模擬導入

隨著都市熱島的環境變化，行道樹及綠地管理為一大課題。究竟都市樹木與微氣候有怎樣的關係？就地表以改善溫熱環境，冷卻效應為眾所注目。所謂冷卻效果，就是公園綠地內所散發的低溫空氣。其次為遮蔽日射、蒸散作用的效能。這樣的冷卻源不僅可以提升都市景觀，也是熱島對策的有效方案之一。

行道樹如何配植以達效能，為近年都市綠化設計趨勢。如林蔭大道配植方式的不同，也會帶來不同的微氣候效能。因配植的密度帶給日照、風速及蒸散等影響。過去研究發現，於寬六十公尺、長一百公尺的林蔭大道，前段於快車道兩旁綠帶種植兩列台灣欒樹以密植，樹高平均五公尺、樹間距離為四公尺共四列樹木。相較於後段種植兩列的阿勃勒以疏植，平均樹高為七公尺、樹間距離為六公尺。於夏季高溫期間進行觀測，可知台灣欒樹密植林平均氣溫為三十二度，而疏林的阿勃勒氣溫高達三十四度。台灣欒樹為耐旱性質，整體蒸散量比阿勃勒少，樹冠下的濕度也較低。由於欒樹以密植方式，林內風環境猶如風的通道，風速比阿勃勒樹林道來的強。相較於阿勃勒，台灣欒樹的植栽方式可提供較舒適的步道空間。

在綠化植栽管理上，植栽強調適地適木基於氣候、地形及土壤等要素，掌握樹種特性為原則。若忽視適地適木，影響其他生

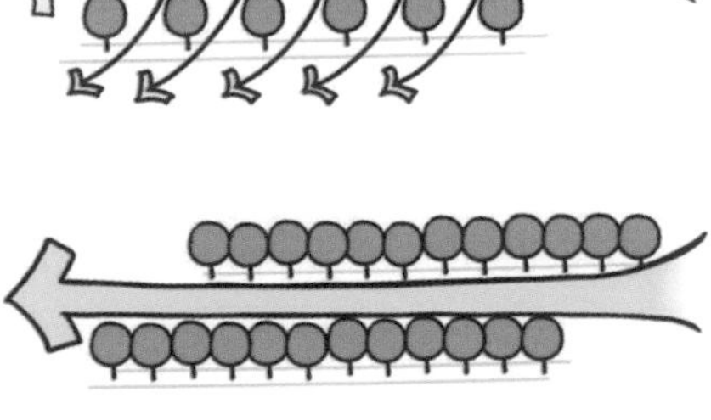

密植與疏植的風道。

物以外，還增加樹木枯損風險，破壞景觀環境。近年來綠化植栽設計結合微氣候模擬，目的以運用樹木機能改善環境，同時確保樹木永續性。例如：行道樹作為「綠的風道」，基於適地適木導入微氣候模擬，調節周邊的風環境、冷卻效果，還可改善都市熱島效應。樹木，尤其行道樹或公園內的樹林等為少數可降低溫度的自然系統。藉由都市內的綠化，緩和氣候狀況並節省能源。

COLUMN

改善微氣候的植物

在選擇都市綠化的樹種植物時，除了考慮街道的設計景觀，也應該考慮如何維持自然生態系與植物適應能力。基於緩和都市熱島現象、熱環境、風環境，是必須預先理解植物所具備的型態、性質及機能特徵。當植物面對各式各樣的環境要素，其性質的理解與應用是有助於緩和都市環境，同時還可確保樹木永續健全生長。行道樹計畫以常綠樹種時，夏季炎熱時枝葉遮蔽了直射的日照，甚至自地表的輻射熱也會因遮蔭而降低溫度的上升。此外，日照與綠蔭之間也會產生溫差，藉由溫差產生上升氣流使樹木周邊出現冷涼的空氣。依據常用綠化樹種，可基於樹種季節特性、枝葉大小、根系深淺、耐乾耐熱等各種要素歸納出微氣候機能樹種（附錄綠化樹圖鑑表）。過去以來，在許多的景觀設計之中，綠化設計居於次要位置。因此，針對綠化空間所呈現的視覺效果，配植以形、色及質地等為設計趨勢。這樣的設計流程，往往沒有充分考慮整體景觀空間的型態，有意或無意間便忽視了樹木的生長適性。甚至進入綠化養護時，造成嚴重枯損及生長不良等問題。

樹木要能健康成長，日照、土壤、水分、氣溫及通風為基本條件。其中日照為最難於調整，更是樹木存活關鍵之一。不同的樹木對光照要求也不同，透過精準的日照及陰影分析，可判讀全年的日照時數並導入不同耐陰程度的植栽。另一方面；以熱環境效益觀點來看，樹冠蒸散的熱消耗可降低周遭氣溫，並經由蒸散維持樹體本身恆常性。然而，蒸散能力大小依樹種也有所不同，當計畫緩和微氣候及改善環境時，樹種的選擇也非常重要。換句話說；整體建物綠化是基於自然共生觀點，結合環境模擬以植栽配置的最適切化，將植栽的環境調整機能發揮最大化。

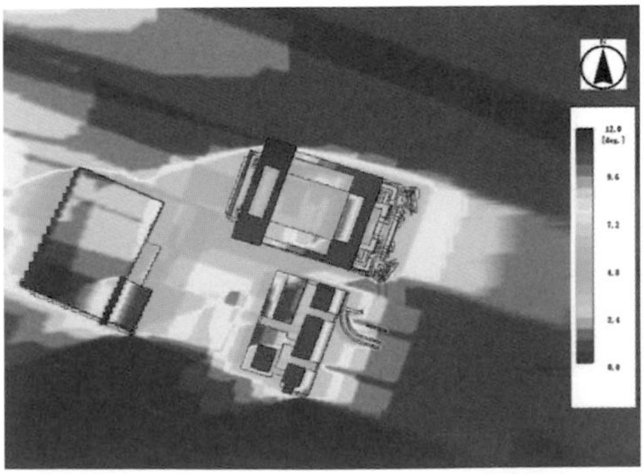

微氣候模擬日照圖。（圖片來源：澳門城市大學謝俊民副教授）

COLUMN

暖化與樹齡

就林業管理的概念，樹木經過成熟期後必須進行伐除，以推動更新。以造林的觀念接近一甲子的樹木、森林是必須伐除並重新再造林。樹木自幼齡開始生長，經過壯年期、老齡期，接著生長量就會衰退。整體樹林、森林的生長到某程度後就會停止。因此，將老樹伐除作為木材使用，重新植林。以木材生產的觀點來看，確實具備效率還能促進二氧化碳吸收，有助於地球環境。乍看之下，以林業管理立場來看都甚為合理。

然而就樹木生理來看，過去研究發現壯齡——老齡樹比若齡木吸收較多的二氧化碳。而所謂老齡樹定義為樹齡約八十歲左右。樹木不同於動物，也因此容易誤認樹木老了便不再生長，甚至生長停頓等想法。想像若齡樹木不斷往上伸展，樹幹肥大。而老齡樹經年累月好似也未見其顯著的變化。然而；老樹即使生長為一小公分，生長量比起若齡樹生長量大。如此一來，考慮地球溫暖化而伐除老齡樹以求更新是必須修整調整。換句話說；整體以大樹、老齡樹，會比若齡樹群還能吸收二氧化碳。同時還可確保生物多樣性及各式各樣機能。

第十章 植栽設計

對人類而言，「自然」為何？自古以來，自然為超自然、偉大的、神的領域並具備許多的能量。如樹叢中散步、傾聽鳥鳴、感受微風徐來的感觸，以此感受以充電身體所失去的能量。人類為了生存，其活力的復甦潛藏於大自然的每個角落。在現代，無論我們多麼的繁忙是無法脫離自然而生存。而都市文明與自然之間，是更需要建構設計與自然的連結。

❖ 考慮種植樹木之前，是必須理解植栽本質

種植樹木是以果樹、林業、農業及園藝等目的而栽種，當收穫果實並達到目的後，許多樹木也無法避免被採伐的命運。反觀，為了環境綠化而種植樹木，樹木本身存在的意義即環境保全、景觀美化等價值。植栽是基於長遠的觀點，必須具備與此相對的計畫。

栽種的樹木，是需要計畫性的執行。因對象為樹木，生長需要耗費時間並隨著時間而不斷的興起變化。若為建築物本身，因為無機物的構造，隨著時間的變化，伴隨來的只是老朽化。但是，樹木為有機的構造物，經過漫長歲月持續生長，具備特殊的素材。換句話說；其維持管理是需要長遠的計畫方針。另一方面；因大規模的開發，面對各式各樣的空間環境。植栽目的是結合各種用途，如工業區綠地的緩衝植栽與道路綠化機

能。而依據植栽手法也與後續管理手法有所不同，必須依據植栽本身的生物特性進行管理。

植栽的對象為具有生命力的植物，同時也受到土地條件所支配。因受到自然環境的影響，與土木、建築等施工完全不同。植栽是必須以風土的觀點，考慮植栽的目的而規畫。風土，也並不是僅有土地的問題，還涉及當地地域文化。若以客觀而論，稱為環境而立地也包含在風土之內。例如；十九世紀開始導入歐美行道樹思想，不斷模仿並採用外來樹種。藉以外來樹種的苗木培育而試植於行道樹、公園樹等。然而，植栽因管理不充分、水土不服而反覆枯損，更意識風土與自身地域文化的重要性。再者，植栽健全生長與植栽地的氣候、微氣候等各項氣候條件有關。環境對於植栽，出乎意料的敏銳，這猶如花木每年盛開的花量受到氣候所支配的同樣道理。

櫻花樹開花與環境之間的關係，因各個植物本身具備的細胞感受各自溫度不同。即使外觀為一同開花，實際上開花也有早晚的差異。這還涵蓋地溫及樹木周邊的微氣候，眾多要素也絕非均一。如眾所皆知，櫻花樹的開花時期，受到氣溫很大的影響。這並不是因櫻花樹的特定部位而感受氣溫。而是開花前，花蕾的成長進入開花階段。因感受細胞內的溫度變化，之後各個花各自展開並成長。換句話說，想像地下通著一條溫水管，通過地表的溫度感受氣溫的上升，接著根系吸收水分，如此一來開花期就容易提早。

❖ 植栽計畫對象為生物

植栽計畫方向不外乎有兩個觀點，順從自然及與自然對立。所謂順應自然的植栽是種植於最適合的土地、適切的型態以自然林為指向的栽種方式。相對的，違背自然的植栽是改變自然立地，將樹木的型態、生態以人為方式改變的植栽。

植物生存需求為土壤、水分、日照及溫度等各要素。這些需求並非一致性，而是依據樹種的個體的不同而出現差異。隨著時間而變化，如萌芽、開花、落葉及結果等季節變化。例如；樹木的壽命，其中柳樹短命的為數十年，而樟樹、櫸木等可高達千年以上。因生長周期的不同，維持管理也成為很大問題。再者樹木無法為均質性，即使同一種依據產地也會有所不同。甚至同一個產地，每一棵的樹形也會不同。即使同一樹種，種植於陽地與種植於陰地之間，日照的需求也會不同。砂質土與黏質土也會影響根系生長上的差異，整體生長可說是環環相扣的關係。植栽的規畫及設計是基於生物學、生態學、生理學、形態學的基礎。隨著大規模的開發，植栽需求多樣化也為趨勢。樹木的選擇與環境之間的協調，是必須依據科學基礎調查。同時植栽的管理，也很難以機械化管理。嚴格說來，植栽管理費多半為人事費。若為了節省費用，往往灌水、修剪等頻度減少，之後樹木枯損、過於茂密而朝向雜亂一途。之後，為了再度回到之前的狀況而重新管理，面臨著更是另一筆龐大費用。也就是說；要維持植栽良好的狀態，確實不是一件容易的事。面對自然的態度因人而異，也因此造成許多問題與爭執。例如；種植樹木時，為了確保綠意盎然而種植過密，因此出現部分樹種枯損。原本在成長過程階段必須間伐，為取得彼此認同而花費更多時間。尤其，近年來民眾對於行道樹的關心日益高漲，因落葉問題、蟲害而採伐或更新，是需要民眾與管理單位之間的共識並取得協調。

生態系並非僅有一種生物，而是與周邊的生物、空氣、水的一整體環境系統。例如森林生態系，除了樹木還涵蓋草、蟲類及菌類與地形、氣候等結合。反觀多數的行道樹，於都市中以線、點作為連結的綠。周邊覆蓋著柏油、水泥等人工建築物，即使自樹上掉落的幼苗也無法生長。此外，樹木的種類及樹齡也幾乎相同並且排列著。單棵的大樹，猶如盆栽般的生長，若無定期修剪則失去了景觀。若以帶狀方式，計畫五公尺以上寬幅，豐富的綠地還可確保行道樹生長環境如同森林般的機能。過去行道樹的生態調查，發現行道樹種越是豐富，鳥類也相對越多。綠蔭成為鳥類休息的空間、還協助移動，枝葉內的昆蟲還可供為食餌等。鳥類在都市內是以點在的方式，將綠地串聯的機能。總之，行道樹是與完整的森林生態系不同，而是構成昆蟲、鳥類及樹冠的生態系。於生態系中還連結各地的綠地，支援各個地域的生物層，帶給都市環境不小的影響。

行道樹要能更健全生長並具備景觀要素，其對策；「適時傳達行政單位意見」。許多行政單位對於行道樹的現狀、存在意義並無法切實掌握，也無法感受市民所在意的問題。只能耐心並不斷的要求，而非埋怨。而是作為提案，讓目的更趨於完美的行道樹管理方式。

COLUMN

樹木也需要尊嚴死

我們看到大樹是必須抱持崇敬的心，並且保護。所謂大樹，也就是老樹。現實上，老樹容易出現病害導致樹勢衰弱。受到地上不斷的病蟲害威脅，地下部土壤根系持續伸展，當樹冠與根系之間失去平衡，就出現傾倒壓力危機。因樹冠大、綠蔭下日照不足也無法讓下一世代幼苗順利生長。換句話說；樹木也有少子化的問題。

另一方面；持續生長而老化，開始出現竄根、腐朽等問題。基於道路環境安全，無可避免面對伐除命運。當計畫伐除時，總會出現許多聲音、怨聲載道「太可惜了，好不容易長得這麼大棵……」。行道樹成為道路景觀的一部分，在長久相處之下行道樹也與民眾之間建立了不可欠缺的情感。甚至，對許多民眾而言還象徵了歷史、文化涵義。

除了老化以外，近年來樹木也面臨恐怖病害的威脅，即褐根病；樹癌。我們怕失去罹患褐根病的老樹，不惜一切方法，投入了最大投資、土壤農藥使用，甚至無意當中也破壞了土壤生態。然而，褐根病的最大危機為蔓延感染，而非失去老樹。在治療過程中採用的樹體懸吊式、病根截除、土壤薰蒸等能夠救治挽回寶貴一命也是寥寥無幾。再者，樹木也有一定的壽命。當然，面對這些老樹、神木所抱持的敬意必須要永續傳承，而延命高額治療當不符合效益時，究竟其意義又為何？樹木的生命之中，也需要「尊嚴死」。

❖ 植栽計畫基於三要素

植栽計畫的構成是基於人、植物、環境相互之間的關係。就「人」的立場觀點，植栽目的考慮植栽本身機能、型態、場所、時間等條件。例如：為防止噪音、遮蔽等必須考慮樹種高度、植栽間隔。當考慮提升遮音效果，於喬木與灌木之間種植小喬木，種植以常綠樹為主，樹形以橢圓形、圓形最具效果。基於「植物」立場時，考慮材料的性質，配合植栽目的篩選樹種、樹形。如都市內部，面對嚴重的大氣汙染，以大氣淨化能力高的樹種。所謂大氣淨化能力，為葉子的淨化能力及葉量。工業區、學校等區域選擇以大氣淨化能力較高樹種，如楊梅、紫薇、苦楝等。而車輛通行量多的道路，以大氣汙染耐性樹種如榔榆、夾竹桃、石斑木等。「環境」是需考慮土地的性質，也就是氣候、地形、土壤等，自然環境與社會環境條件的結合。

植物、樹木並非只是作為商業生意上的材料，而是猶如擁有生命的鄰居。因此，聽從樹木的意見、理解樹木的特性才能確實的診斷及設計。樹木為生物，必須自生物觀點重新認識樹木，若無法理解其構造、生態，更無法說明生長環境。

COLUMN

虐待行道樹

炎炎夏日，行道樹提供了綠蔭，提升了都市空間的舒適度。這幾年，也漸漸開始意識到都市綠化的重要性。不論是行道樹、公園及綠地不斷的增加。就連屋頂綠化、綠牆也受到重視。然而，我們不時可以在行道樹、公園看到樹木痛苦的一面。許多群眾同樣也納悶著，為何就沒有人可以好好對待它們？這不就是虐待嗎？

行道樹的枝條伸展，遮蔽了道路標誌，或是落葉及病害等理由而必須進行修剪。許多時候是完全被截頭，甚至到最後只剩下一支猶如電線桿般。最令人擔憂的，莫過於罔顧修剪切口，殘暴的還有樹皮拉傷等。面對種種不友善，日後也促成腐朽菌的入侵機會，進而造成颱風來襲時斷裂，嚴重時傾倒。不僅如此，植栽穴過小，土壤就哪麼一點分量的種植，也讓根系忍不住隨意竄出，像是飢渴的大解放。這樣的情況下，我們還會自豪得意說著；連這樣的環境都能夠生長的好！這般的喝采與讚賞。不知道樹木在旁聽見這番話，是不是也抱持著絕望的心情。令人遺憾的是，行道樹的壽命並不長。常見的茄苳、榕樹等可以超過百年，而生長年份不到半百像是行道樹壽終金箍咒般，開始衰弱枯損。究竟原因為何？反覆的強剪，導致樹木衰弱，樹幹腐朽、空洞，間接地影響道路安全。如此一來，我們極力推動環境美化與保全也成為一大課題。因為，我們在虐待樹木。為了控制植栽管理，減少作業次數以強剪方式。不顧慮樹木生長模式，截頭修剪。

更重要的是，工作相關者面對樹木專業知識太過於缺乏與不足。常見不考慮樹種一律施肥，甚至不喜肥料的松樹、豆科樹種也出現衰弱趨勢。這也反映了，我們對樹木生理，生態的嚴重理解不足。當然；我們更忽略了「樹木是生物」，它持續生長並茁壯著。

我們真的需要挑戰行道樹的生命韌性，而引以為傲？面對痛苦生長的行道樹，只有痛心而得不到內心的療癒才是。

❖植栽計畫與預先調查

當計畫植栽時，不考慮位置、樹木的性質並以個人觀點的嗜好或興趣種植，樹木難以健全的生長。甚至，更無法如想像計畫般的實現。植栽計畫是必須掌握環境的適性，其中日照為樹木生存的關鍵。當中西曬較弱的樹有楓樹、紫薇等。植栽的通風問題，也是最常被忽略的一個要素。當通風不良時，樹木容易發生病蟲害，如介殼蟲引起的黑媒病等，都是與通風不良有很大關係。相對的，當風過於強大時，枝葉容易受損、乾燥，導致樹木整體容易陷入水分不足的狀況。尤其，受到北風吹襲時，寒風與乾燥使枝葉萎縮、進而枯死。夏季高溫的風也容易讓樹木枝葉乾枯。

計畫種植時，預先調查植栽地的排水問題。樹木尚未栽種之前，觀察地面積水、濕度或乾燥進行土壤基礎調查。植栽地為潮濕的狀態，採用耐濕的樹種或進行土壤改良、排水設施以促進排水狀況。相對的過於乾燥時，需進行土壤改良以確保土壤保水的能力。即使植栽計畫之前已有保留原樹群，也必須掌握排水狀況。再者土壤的肥沃度、酸鹼值及土壤種類都會直接影響樹木生長。常見偏鹼性，種植酸鹼性較為敏感的杜鵑，就容易出現生長不良。此外櫻花樹也喜好偏弱酸性，過於鹼性時，根系容易衰弱不健全。土壤的厚度也決定了樹木永續生存與否。尤其計畫種植喬木時，土壤層的厚度與樹木根系伸展有直接關係。樹木的樹冠空間，同等根系伸展需要一定的土壤空間。

第十一章
行道樹修剪

行道樹主要用於公共空間，提供遮蔭、景觀等作用；不同於私人庭園、私有地等個人利用或景觀需求。兩者即使有多少雷同，但由於目的不同，其管理方式也不同。一般民眾，面對自家庭園的管理，偏好於自身的賞花、賞果。相較於公共空間的樹木，除了管理者的關心與嗜好，基本上是以生長所帶來環境物理威脅為優先考量。行道樹提供良好景觀效果，主要是基於樹木生理並配合適當的修剪管理。為了維持樹形目標，花木這一類的樹種就無法配合定期強剪或整頓以影響開花品質。行道樹管理以維持「綠」的健康，主要作業如修剪、施肥、病蟲害管理等。尤其，行道樹面對有限的生長空間，要能維持同形、同大的樹形以外；還須確保樹冠內日照以防止枯枝、通風以避免病蟲害等修剪作業為管理要素。

❖ 修剪的必要性

樹木為生物，不斷持續生長且茁壯。以綠化觀點來看，維持管理是為了確保景觀效果。當具備充足的生長空間，可以採取自然管理方式。然而行道樹在受限的空間之下，如何健全生長且提供舒適道路空間為道路管理的一大課題。

一般樹木在冬季時，儲備養分於樹幹並進入休眠狀態。直到春天時陸續出芽、伸展枝條、開葉。多數的樹木，自春季到夏季為樹木生長的旺盛期。此時養分主要供給於枝葉的伸展；反而樹體內養分逐漸減少。儘管還保有一些能量的樹木持續生長，而其他器官生長幾乎接近停止狀態。在此期間，成熟的葉子進行光合作用並製造養分儲藏樹體內；接著進入冬季，落葉樹開始落葉、常綠樹保持枝葉並停止生長以休眠狀態度過冬季。樹木與其他生物最大不同，即使受到病蟲害或枝葉損害，還可具備再生能力，經時呈現新鮮的一面。例如櫸木、流蘇、櫻花樹等落葉樹種自幼芽、新葉、開花、紅葉及落葉等四季變化。就樹木本身，落葉為生長休息期間也是體力消耗最少的時期，即使強剪帶給樹木壓力也較少。

行道樹修剪目的，可以區分為樹形更新、預防病蟲害及促進成長。修剪類型為短截、疏刪、返回、截枝等為主要的基本手法。正確的修剪枝幹角度、位置可以預防枯枝及腐朽的發生，避免樹形雜亂。因樹木隨著季節變化，枝葉不斷的持續生長，當放置不管時，反而樹形容易雜亂影響景觀。所謂適度的修剪；是將過度成長的枝條進行調整的作業過程。

COLUMN

破布子樹修剪

破布子樹為亞洲熱帶地區分布的常綠中喬木。樹皮為纖維質為繩的材料，果實可供食用。早期種植破布子樹是以採收破布子食用，近年來也漸漸作為綠化觀

上｜破布子修剪前。
下｜破布子修剪三個月後。

賞樹種。因破布子生長快速，長久下來未進行適度修剪，部分枝葉出現枯損。老齡的破布子樹，過去以來還不斷供給破布子採收。隨著老化，樹勢低下，枝條亂也開始出現雜亂枯損。如何重新讓破布子樹形更新為一大課題。由於破布子為常綠樹種，一旦於寒冬期間修剪容易使枝條枯損。因此於初春之際，進行樹形更新修剪計畫。所謂樹形更新，為強剪手法。目的以維持原樹形的骨架，重新塑造樹形的修剪。在修剪過程，以循序漸進引導枝條伸展，並讀取之後的生長方向。因破布子的細枝數量大過於粗枝數，當清除細枝後枝葉頓時減少。然而，這也是樹形更新過程中所必經之路。原則上，掌握修剪適期與樹木生理，即使強剪之下帶給樹木的壓力小，更能縮短恢復期間。同時，也刺激樹木再生與更新，猶如新陳代謝。

❖ 樹木生理概念

葉子製造醣類，通過枝幹內的篩部（形成層最外側），供給根系。根系同時吸收氮素、磷酸、鉀等無機養分及水，通過樹幹輸送至地上部。當樹木進入展芽期，樹冠上不論長、短的枝條，頂芽及側芽都等著展開。剛展芽的芽，主要利用枝條附近所儲藏養分並開始生長。由於儲藏養分量有限無法全面展開，更無法滿足所有新梢伸展。此時以優先展芽儲藏養分並引導後續生長，接著新梢附近的維管束受到生長素促進而發達，發芽並抑制周邊新芽生長。這一連串的生長運作是與「激素」息息相關。

枝條為激素的保有源，而器官收留激素。激素存在於樹體的各個器官，並非單純以循環方式移動，而是藉由擴散方式使各個部位濃度不同。樹木激素；即使微量也具影響力，並能迅速處理地上部出現的狀況，保持新梢與根之間平衡。通常，於新梢先端製造的生長素往地下輸送，可抑制根系生長。然而這也僅局限於日照良好

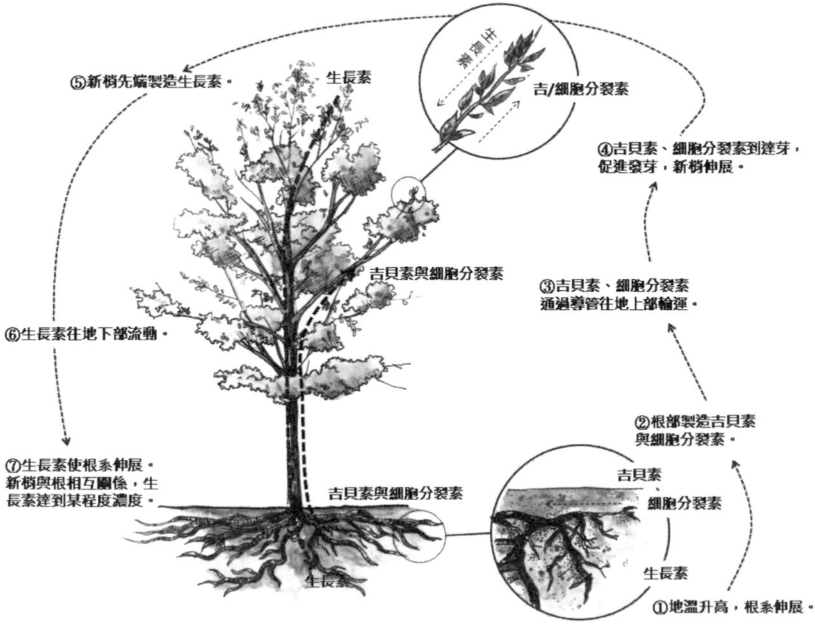

⑤新梢先端製造生長素。
生長素
生長素
吉/細胞分裂素
④吉貝素、細胞分裂素到達芽，促進發芽，新梢伸展。
吉貝素與細胞分裂素
③吉貝素、細胞分裂素通過導管往地上部輸運。
⑥生長素往地下部流動。
②根部製造吉貝素與細胞分裂素。
⑦生長素使根系伸展。新梢與根相互關係，生長素達到某程度濃度。
吉貝素與細胞分裂素
吉貝素
細胞分裂素
生長素
生長素
①地溫升高，根系伸展。

激素擴散流動。（繪圖：周芷若）

枝條，如此一來新梢才能製造更多的生長素。一般與樹木相關激素有生長素、細胞分裂素、吉貝素、離層酸及乙烯等。這五種激素，即使根系也可以製造。當中，除了乙烯是以氣體方式揮散以外，其他各個激素於樹體內移動擴散。如製造新芽時，需要發根的生長素。之後，根系製造吉貝素、以及細胞分裂素等，再度回流至樹體各個器官。

進行修剪時，基於樹木生理平衡才能減輕樹木負擔。當修剪枝條越多，地下部的根系枯死也越多，使樹木激素活性降低。一般修剪；除了修剪不良枝條以外，運用「返回修剪」以促進側枝伸展、或「短截修剪」以縮小樹形等。其他如保留徒長枝機能，使吉貝素與細胞分裂素輸送至枝條，以促進展葉並製造生長素；之後再度回流至根系，運用激素原理促進根系生長機能以達到健全樹勢。

COLUMN

激素定義

動物學分野，將激素定義為特定的器官所製造、藉由血液輸送呈現的微量生理作用。反觀在植物學，稱為激素的物質如生長素，其發現距今至少百年以上，可說是漫長的過程。德國的植物學家在十九世紀時，首次提出器官形成的物質概念。簡言之，特殊物質的作用製造了植物的根、葉器官，其量也受到光、溫度等環境要素而出現變動。近年來研究也發現，葉緣的鋸齒也與生長素有很大關係。生長素，自葉緣的先端往葉子基部流動，而鋸齒先端聚集許多生長素。葉緣鋸齒的形成，也受到生長素很大的支配。

生長素擴散流動。

❖自我修復能力的激素

生長素主要促進細胞伸長，當過量時反而會阻礙根系生長。雖然根系也能製造生長素，但是還是以莖、葉為主並藉由移動輸送至根系。生長素為製造新芽的發根激素，自新梢製造後往根系移動，促進發根。

若將正待發芽、展芽的植物，放置日照映入的窗邊，芽隨著光的方向轉動調整。感受光照角度而展芽的方向，其感知物質為生長素。生長素於植物生長點製造而往根系移動，並於此過程分解。因此，生長點的活性是最高，根系的活性相較之下就偏低。這也是所謂頂芽優勢的特性及其原因。樹木的生長點，主要是受到頂芽優勢的影響，側芽因休眠而無法立即成長。頂芽優勢的意義在於集中主軸成長，投資以最大的營養及能量供給。將能量集中於頂芽生長，換句話說也是一種自我控制的方法。常見行道樹受到截頭後不久，開始出現許多側芽生長。對樹木而言；當失去主軸的頂芽時，為生長的致命傷而不得不立即啟動側芽的生長。若為健全的行道樹，再度啟動側芽生長需耗費相當能量，若為衰弱狀態時就容易發生枯損危機，甚至腐朽斷裂。

當人類或動物受傷時，神經組織即傳達損傷部位。之後，血小板或細胞再生的相關物質集中於損傷部位以修復傷口。反觀植物，並未具備如同人類及動物般的神經及血管。即便如此，植物及樹木還是具備獨自細胞以修復損傷的傷口。其發現，是藉由嫁接過程中所發現植物可修復自身的傷口。嫁接的最大特徵，即使切斷植物某部位，自身感知便將傷口修復。然而，不僅是嫁接，受到外敵的攻擊受傷時，植物本身也會展開修復。例如，生長素自樹冠枝條往下移動時，途中經過受傷的部位或嫁接的切口，此時流動便受到阻礙。藉由生長素的流動阻礙，植物本身才感應出受傷部位的位置。此時，當生長素受到阻礙，接著生成乙烯等其他激素，進而細胞活化促進傷口修復。然而，為了修復傷口需水分及養分輸送的細胞等各式各樣組織再生。

COLUMN

萌芽更新

所謂里山，是結合人類的生活，長時間累積下來的自然地域。構成里山景觀當中，不乏各式各樣生態系中的萌芽林。萌芽林，即人類經過砍伐後再生的樹林。隨著反覆的砍伐、再生，構成自然循環不息的再生資源。里山萌芽林的砍伐再生，主要利用樹幹基部；也就是樹幹與地面交界處的萌芽方式。在歐洲許多農村地帶也採用此方法，並稱為截頭木。其他也有根萌芽、壓條萌芽等依據樹種特性，導入方式各自不同。

阿里山櫻花樹，自日據時代開始種植，經過一世紀的歷史變遷，面臨著老化枯損危機。同時罹患簇葉病，持續不斷感染交叉傳播枯損。因考慮櫻花樹的自然永續，近年也導入里山萌芽手法。針對部分重症、老化櫻花樹施行砍伐後的攪亂，是為刺激萌芽再生的伐除。然而，決定萌芽展開是與植物的激素有關。當重症及老化的樹冠施行伐除後，失去了往下輸送的生長素便開始出現萌芽。萌芽更新手法是基於樹木生理的理解，進行的二代木傳承及世代交替。

❖促進型激素──吉貝素

促進型激素──吉貝素，主要促進發芽、枝條伸長。生成於新梢及根，與生長素具備相同機能。吉貝素與生長素為相加的效果，藉由兩者組合可促進形成層活動。此外也具備花芽分化促進效果，例如當部分針葉樹種度過最旺盛的生長期後，準備進入花芽分化期，此時以葉面散布或樹幹注入，可明顯促進花芽分化。一般常見的徒長枝為吉貝素與細胞分裂素的寶庫。切除徒長枝後，吉貝素比例增多，開花就會變少。吉貝素與細胞分裂素往地上部流動，停留於枝條先端，促進新葉製造生長素。接著，枝條先端製造生長素，往地下部流動。當枝條切除過多時，最直接影響為新根的生長，之後延伸到新梢生長。如強剪時；新梢數量減少使生長素生成受阻，導致根的生長抑制效果變小。由此可知，樹木為確保葉量與細根的原來比例，進行相互的調整。

COLUMN

冬芽甦醒

當進入寒冷的冬季，落葉樹上的黃葉不斷凋零飄落。僅存枝條上的冬芽，等待春天的來臨。一到春天時，冬芽一齊展開。我們總認為因為春天到了，天氣變暖了，所以冬芽開始展開。確實冬芽的展開需要溫暖的春天。實際上，也並不是因為春天變暖所以冬芽甦醒。我們可以在秋天觀察枝條上的芽，若將樹木移動至較暖的環境，冬芽也遲遲不展開。即使進入溫暖環境空間，也持續著休眠狀態。由於秋天形成的芽，其芽中具有離層酸的激素物質是來自於葉子持續供給，以此促進休眠並控制展芽。因此，只要冬芽內有多量的離層酸，即使變暖也未必能夠展芽。為了讓芽能夠甦醒，必須經過寒冬等待冬芽內的離層酸消失。當離層酸遇到寒冷，變得更難以分解。隨著度過寒冬，離層酸的消失進而冬芽甦醒。

❖ 自根系製造的激素

細胞分裂素，主要作用為抑制葉的老化、葉綠素分解，並維持綠葉狀態。當根系健全時，細胞分裂素旺盛可維持綠葉狀態。多數的細胞分裂素於地下部根合成，自根系吸收水分，通過導管輸送至地上部。另一部分的細胞分裂素，於地上部製造並通過篩管輸送至根系。因此；藉由地上部與地下部的連結，細胞分裂素將地下部根系吸收的氮素營養訊息傳達至地上部，而地上部自光合作用獲取的糖分訊息傳達至地下部，維持兩者之間成長平衡。

細胞分裂素主要於根系製造並移動至地上部，一旦根系損害，地上部的細胞分裂素活性降低，出現下葉枯萎現象。當樹冠截頭時，根系先端的細胞分裂素開始活躍以促進枝條側芽及不定芽的生長。往往促進了根系生長，間接提升了竄根的機會。

COLUMN

控制蒸散的激素

根吸收水分後，一部分被使用於代謝，而大部分則藉由蒸散而失去。蒸散主要以葉的部位進行，葉表面也有表皮覆蓋及氣孔進行蒸散活動。一般將氣孔的蒸散，稱為氣孔蒸散。而通過表皮層的蒸散稱為表皮蒸散。兩者的比例依據樹種而有所不同，主要以氣孔蒸散占較高比例。葉子的氣孔同時也是植物進行氣體的交換部位，依據內外條件都會影響蒸散。所謂外在條件是以水的影響最大，當土壤水分降低時，氣孔關閉以控制蒸散。控制氣孔關閉進行蒸散調節為植物激素，當土壤中的水分不足時，細胞分裂素立即傳達至葉。換句話說，細胞分裂素為控制氣孔開關的機能，一旦土壤水分不足，自根系輸送地上部的細胞分裂素減少，而葉的細胞分裂素也降低，進而氣孔關閉抑制蒸散。

❖ 壓力激素

促進落葉、落枝、落果的植物激素。離層酸不同於生長素、吉貝素的促進生長類型，而是抑制型的激素。當根系處於缺水狀態，根端感應地中的水分狀態，開始增加離層酸並關閉氣孔。又稱為壓力激素，可關閉葉的氣孔避免蒸散、低溫及乾燥壓力等。對於樹木根系生長抑制為重要的要素。通常，根系的離層酸量於根系先端最多，越到根系基部越少。離層酸量因樹種不同，受到營養條件及水分壓力影響也會出現變化。

當進入秋天，日照時間縮短，葉開始感應冬季訊息，製造更多離層酸並輸送至芽進入休眠。隨著氣溫變低而落葉，冬芽生長也停止。冬季低溫期間，離層酸開始減少，進而出現促進生長的吉貝素使抑制條件解除。一到春天，冬芽開始生長並開花展葉。因此若未考慮花芽生理，於花芽分化後進行強剪，失去過多枝葉時，離層酸供給消失，容易導致開花失調。

❖ 乙烯

樹木；於必要時也具備自行斷枝的機制。常見樟樹，在無人管理之下樹冠內明確的粗枝，也為樹木自我修剪的方式。樹木藉由日照，進行光合作用進而枝葉茂盛。當部分枝葉無法受到充分的日照條件時，隨著枝葉能量的不足而製造離層並落枝。樹木本身啟動自我修剪機制時，首先發生乙烯後，製造離層再與枝葉基部切割分離、掉落。

另一方面；行道樹因道路的鋪裝，即使下雨滲透到地中並到達根系的水分有限。同時根系周圍土壤受到踩踏、或排水不良，甚至汽機車的廢氣排放含有多量乙烯，容易阻礙樹木生長。受到踩踏的根圈附近容易陷入氧氣不足，導致乙烯物質迅速增加，並隨著樹液流往地上部移動，製造更多的乙烯。許多樹木因乙烯的生理作用；出現葉綠素減少、老化、異常落葉、生長阻礙等樹體衰弱。因此當土壤內缺乏空氣時，具備耐性的濕地林樹種如落羽松自地上形成不定根、樹皮內的通氣組織發達、樹幹基部過剩肥大、膝根等現象皆與乙烯作用有關。

乙烯具備感應其他枝條能力並抑制伸長，確保枝條伸展空間。當修剪枝條時，切斷面的周邊樹皮隆起，不久後切痕消失為乙烯作用。樹木受到病害或傷害時，也會促進乙烯生成使葉老化、落葉。此外，乙烯雖然可以促進根系的伸展，若為黏土情況時，由於

大，一旦未澆灌水分，枝葉因水分不足而枯萎。這是因為，植物體直接受到壓力並生成乙烯，導致生長阻礙開始落葉枯損。總言之，澆灌水的祕訣在於土壤與植物之間生成的乙烯控制。比起理想狀態的保濕，多少土壤表面乾燥後再灌水，使土壤水分出現流動趨勢。植物基於微乾燥、微濕的壓力，即溫和壓力反覆之下適度生成乙烯，並具備較強的環境適應能力。

❖樹木修剪與生理

樹木修剪，必須掌握樹種本身特性。

樹木具有相同特性；如受到生長激素影響，向陽枝條生長旺盛。若以此考慮修剪，可確保日照均等分布於枝葉各部。由於枝條有向上生長趨勢，一旦放置不管容易導致樹形雜亂。尤其當枝條越多生長越旺盛，需配合疏刪修剪緩和生長速度。通常分枝少的枝條，伸長快速；分枝多時養分易分散，伸長生長較弱。

依樹種不同；整姿、修剪時期、方法皆不同。例如，櫸木、櫻花樹等落葉樹種進入休眠期後，樹液流動開始變緩，甚至有些樹種還會停止。此時若切除粗枝，影響後續的生長較少。而針葉樹種，盡可能於春天發新芽時去除老葉，促進更新。另一方面，常綠樹種容易因修剪後而遭受寒害、凍傷，最好以夏季期間進行修剪。常見「不良枝」，主要是以景觀立場。當出現亂枝時，整體樹形除了失去自然，也會影響日後生長的枝條，須配合適切的修剪管理。基於樹木生理修剪，不僅可以維持樹體健康，還可促進樹木更新，提升病害預防能力等。

修剪必須掌握樹木；「一年生長循環」及「花芽及開花程序」兩大要素。樹冠於夏季提供舒適的樹蔭，但考慮颱風來襲時，需進行適切的強剪措施。一般樹種夏天生長旺盛，即使強剪也能夠再度伸長修復。儘管能夠重新展葉；相較於修剪前的樹形，易變雜亂。此外，樹木因光合作用進行枝葉蒸散以降低樹體溫度，此時若過於修剪枝葉，枝幹也容易出現枯損現象。常見為了保留枝條伸長而進行修剪，反而枝條容易衰弱。當剪短枝條時，強勢的徒長枝又更加旺盛。因此，修剪是依日照的枝葉生長程度、與東西南北、上下各方向皆不同。樹木的上方或南向以強剪方式控制旺盛生長，而下方或北向位置以疏刪修剪。

❖ 修剪時期

樹木的修剪時期，受到氣候的影響，不同於人可以隨時去剪髮般的便利。尤其，夏天不乏許多民眾為求清涼而剪短髮。反觀樹木，一到夏天枝葉茂密，即使想涼快的修剪都會帶給樹體很大的壓力及負擔。換句話說；許多樹種在夏季是盡量避免強剪。由於夏季樹木生長旺盛，一旦修剪後枝葉再度伸展，反而讓整體樹形變亂，甚至反覆生長耗費許多能量。再者，夏季期間樹體能量都處於不充足情況，修剪後伴隨而來的衰弱、枝幹損傷等也會影響樹木活力。

但是，樹木也有適合修剪的時期，依據樹種各自不同，主要分為「常綠樹」及「落葉樹」。所謂常綠樹，顧名思義一整年維持綠葉狀態的樹種。面對這一類的樹種，修剪時以初春、初夏等溫和氣候為主，避免於冬季修剪。常綠樹種不同於落葉樹種必須維持全年的綠葉，因將養分儲存於體內的能力不及落葉樹種強。因此當冬季修剪時，樹體突然失去過多枝葉便無法製造養分而漸漸衰弱。相對的，落葉樹於冬季來臨時落葉並準備進入休眠。這一類的樹種，冬季休眠期間為修剪適期。因落葉樹種於落葉後，將大量的能量儲存於體內並準備休眠等待春天到來。休眠期間整體樹液流動少，病蟲害也較少。所儲存的能量在體內，即使切除粗枝帶來的傷害也低。再者因落葉後整體枝幹明確，有助於調整樹形的修剪。

修剪原則上是以預測未來生長趨勢，如枝、葉、花芽等伸展方向及時期。修剪時期基於樹木生理是與樹種、地域性、氣候條件等有關。一般，將行道樹修剪分為冬季修剪與夏季修剪。冬季修剪以建構樹形為目的，調整枝幹平衡及密度進行整枝的修剪。主要以落葉或常綠針葉樹種為主。當中如櫸木、榔榆等落葉樹種於休眠期進行修剪，可減低樹木的負擔。相對的常綠闊葉樹種如榕樹、杜英等即使進入冬季也持續活動。若於嚴冬時期進行修剪，切口容易枯損。

另一方面，夏季修剪以整理亂枝的整姿修剪。隨著春天的展芽及發枝，需調整樹冠內部密度以確保通風及日照，避免病蟲害的發生。夏季期間為葉子生長固定期，當過度疏枝不僅帶給樹木極大負擔也容易出現衰弱趨勢，盡可能夏季修剪以弱剪方式。例如；常綠樹種雖可進行疏刪修剪，但是當過於強剪不僅失去夏季綠蔭效果，修剪後的切口、枝幹受到日照直射容易發生枯損。此外，夏季期間主要針對生長旺盛的樹種如榕樹、海檬果、黑板樹等。原則以切除枝葉的三分之一。春季修剪，一般以忌冷的常綠闊葉樹為主。新芽展開前或展葉固定後為修剪適期。尤其當展芽之前將亂枝等切除，重新整形有助於樹冠形成。然而，不論任何樹種當新葉展開時，消耗樹體內許多能量。此時修剪，切口容易出現許多不定枝，新芽反覆生長持續消耗樹體能量，容易衰弱甚至枯損。樹木進入秋季時，生長開始變緩，在秋季時期進行修剪容易帶給樹木負擔，主要以枯枝、徒長枝等修剪為原則。尤其，於早秋進行修剪，被切除的枝條而再度萌芽，展開的新葉卻因寒冬而枯損。

❖ 修剪計畫

(1) 定植階段

當計畫定植的對象樹，至少需經過半年以上的斷根養護才能提升移植存活機率。所謂斷根；是將切除的根系，預先養根使周圍細根充分生長。同時受到切除的根系因養分吸收量遽減，而不得不減少枝葉的蒸散量，需配合適當修剪以減緩樹木壓力。然而；未經過斷根而移植的樹木，面對枯損、甚至枯死的機率也相對高。因此，計畫種植之前是必須在半年前開始準備斷根，最少也要一個月以後才能移植，當斷根養護的時間越長細根也越多。

自苗圃移植至計畫植栽地點，無可避免受到過程的運送及捆綁所帶來的損傷。當種植時除了枯枝、損傷枝條以外，即便為不良的枝條也盡可能保留。目的以減輕樹木壓力及負擔，同時應用其他枝條替換以盡快恢復樹木活力。待樹勢穩定後，再進行整形修剪並考慮整體的平衡，將亂枝、徒長枝等優先切除。原則以避免樹冠過大而造成蒸散量增多，超過根系負荷能力。

一般行道樹基於樹形大小，初期採用以幼齡木為主。與成熟木相比，枝葉少；同時因樹形尚未穩固，必須訂立目標樹形進行培育管理。具體來說；首先篩選目標樹形的主枝、副枝幹並導入疏刪等修剪法，基於樹種特性引導樹形構成。

(2) 縮小樹形階段

當目標構成樹形後，進入樹形維持期間。主要修剪以枯枝、病枝、斷裂枯損枝、徒長枝等優先切除。尤其超過目標樹形的大小時，行道樹也容易影響周圍環境，甚至出現竄根等問題須縮小樹冠與高度。由於縮小樹形，一般採用返回修剪，同時因切除部份粗枝以至於恢復目標樹形需花費多年。特別在縮小樹形修剪的第一年，粗枝的切口容易發生新的枝芽。基於目標樹形，考慮新枝芽未來生長狀況，篩選以健全且優勢枝（二至三枝）並將其他進行疏芽疏枝，以確保整體樹體平衡。

(3) 樹形再生階段

行道樹受到強剪時，為了生存而急於恢復原來樹冠枝葉量。當養水分不足時枝葉軟化，即使恢復枝葉量也與原本樹形相比，更加的雜亂並影響景觀。同時強剪是將粗枝修剪，樹幹的切口面大，使腐朽菌容易入侵而發生枯枝掉落、樹勢衰弱，嚴重時樹木傾倒。換句話說；即使壯年樹木，進行強剪也會帶給樹木壓力與風險；盡可能配合以疏刪修剪。常見樹勢衰落，同時因反覆強剪、斷枝、風害等失去原本樹形時除了伐除以外，必須採用樹冠截枝修剪以重新更新樹形。當中也有樹木，即使配合修剪更新樹形也無法回復。因此，必須找出衰弱問題並配合治療、施肥、植栽基盤改良等提升樹木活力。

❖ 修剪種類

(1) 截枝修剪

切除樹幹粗枝的修剪法。如靠近道路側的行道樹，因枝幹影響路面空間時，需進行截枝切除。由於截除的粗枝容易帶給樹體過大負荷，一般於落葉休眠期間或夏季常綠樹生長穩定時期。過去考慮樹木整體姿態，將枝條與樹幹連節之間部分切除為平切方式修剪。近年來，考慮樹木生理切除粗枝時，主要以枝皮脊線（自樹幹伸展出來的枝條上隆起的部分）與枝領（枝條下方隆起部分）相連結線的位置，有助於形成修復組織及抑制樹幹內部變色。再者，因傷口具備保護帶及養分，須注意避免傷及切除後的枝領內側。當截枝修剪以一刀切除時，枝條的重量易壓迫導致樹皮受損，盡可能採用三刀法，並分為兩次切除。

(2) 返回修剪

長枝與短枝交替的修剪法。途中切除過度伸展枝條，或切除枝條先端導致花芽減少。由於切口不自然，盡可能配合疏刪。依據修剪的量可分為強剪及弱剪。強剪時；一時枝條變短，但靠近切口的芽展開新枝，增加枝條先端數量。當計畫縮小樹形，配合調整方向修剪。特別徒長枝易發，可重整樹形返回修剪。修剪原則以冬季，常綠樹種以夏季期間。

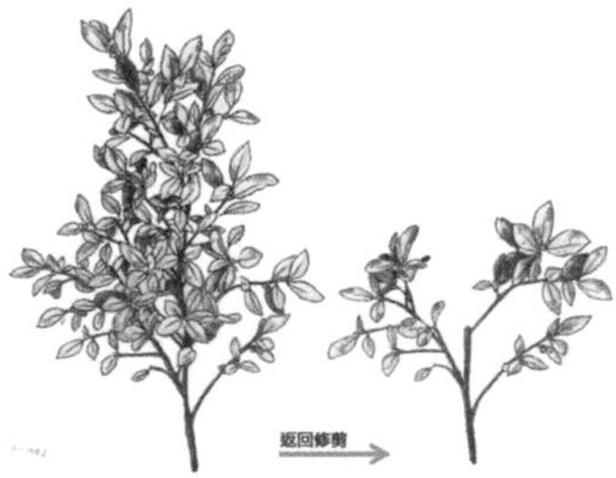

返回修剪。（繪圖：周芷若）

(3) 疏刪修剪

自枝條基部切除過密的枝條或亂枝，確保樹冠通氣、日照，避免病蟲害及枯枝發生。疏剪依據枝條大小及量，可分為大疏剪、中疏剪及小疏剪。於構成骨架枝條上，具備良好效果。依據樹種的不同，有些生長旺盛的枝條因過密、高溫多濕以至於通風、日照不良引起病蟲害等問題。一般將枝葉過密，自枝條基部切除。主要促進（保留）枝條生長，避免切口伸展枝條為自然樹形修剪法的基本法。疏枝可確保樹冠內部日照通風，控制養分分散，促進枝條生長旺盛，提升開花結果為維持樹形的重要修剪手法。

(4) 短截修剪／整形修剪（屬短截）

將過度伸展的枝條截短，為樹形縮小的修剪法。當年枝條伸展超過樹冠，不考慮芽位置以控制大小為目的，有助於樹形維持及促進枝葉密度。自枝幹途中切除，主要使樹形縮小，改變生長方向的抑制手法。然而短截由於自枝條途中切斷，樹形容易失去自然。需考慮未來樹形後修剪，依據短截枝條的大小，必要時切口使用癒合劑等。一般修剪時期以新芽固定後五－六月之間，或九－十月繼生枝固定期間。

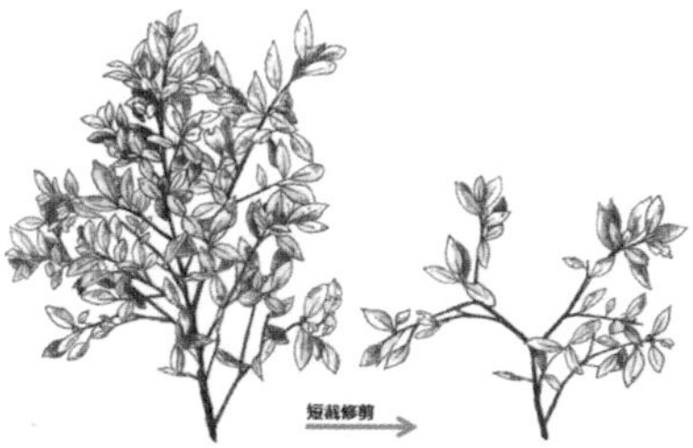

短截修剪。（繪圖：周芷若）

疏刪修剪。（繪圖：周芷若）

❖ 修剪目的與方法

除了維持樹形以外，還可輔助樹木成長等各項要素。以下為考慮修剪目的與方法。

(a) 促進樹木的成長修剪

①促進向上生長：枝條向上伸長，主要切除側枝、下枝，使往上伸長更為旺盛。
②調整枝條伸展：枝條生長，修剪樹幹先端枝葉，促進側枝生長。
③提升耐寒性：部分樹種因先端枝條易受寒害，修剪上方枝，確保側枝。如樟樹、香楠、苦楝等樹種。

(b) 控制樹木生長的修剪

松樹類、殼斗類、冬青類、厚皮香等摘芽、摘葉為控制修剪。為了防止徒長枝的發生，以去除中央枝條；即三枝法，作為抑制生長的修剪法。

其他控制方法有摘心、摘芽等。所謂「摘心」，使新梢的先端在尚未木質化、且柔軟之前摘取的方法。「摘芽」，於萌芽前掌握芽的方向、花芽、葉芽等性質，摘除芽階段的方法。

(c) 促進開花結果的方法

花木及果樹等，為了讓花芽生長、開花。必須熟知樹木花芽分化期及開花期；才能達到修剪提升的效果。由於，花芽與開花方法、進行時期及方法都不同。一旦誤判時期，即使特別修剪也無法充分賞花、結果。

①今年伸展的枝條，今年結花芽，今年開花。

通常自夏天到秋天開花。花後，於隔年春天長芽之前進行修剪。如紫薇、凌霄花、芙蓉、木槿（以上樹種，頂芽與側芽為花芽）、夾竹桃、絡石（側芽為花芽）、桂花等。如木槿，於每年落葉期修剪徒長枝、密生枝條以疏刪修剪；落葉後，於當年伸展的枝條上保留三、四個芽並截短，隔年春天時小枝條數量增加，新枝的葉芽下方為花芽，夏季開花。其他，如凌霄花於每年秋天到隔年春天之間，自基部切除開花後的枝條及樹幹上生長的不定芽。

②花芽越冬後，隔年開花。

多數為春天開花樹種。於開花後立即修剪，增加花量，避免修剪今年生長的新梢為原則。種類有山茶花、茶梅（以上樹種，頂芽與側芽為花芽）、杜鵑類、辛夷（頂芽為花芽）、梅樹、桃樹等。辛夷為容易維持樹形的樹種，於落葉期修剪徒長枝、亂枝等避免強剪。茶梅於花後放置不管，枝條容易伸長影響開花品質，須適度修剪；主要保留開花枝條三、四個芽並截短。茶梅的花芽分化集中於夏季，避免修剪新枝。杜鵑，於花後須立即修剪；花芽分化，於初夏開始，夏季以後進行強剪容易開花不良。

③今年枝條的花芽，於明年伸展後開花。

多數自初春到春天開花。修剪的時期與方法與②號相同，種類有繡線菊、紫藤等於短枝的先端開花。如紫藤，一年可分為兩次；落葉期間與花後。花後修剪，主要促進花芽。通常將強勢枝、生長旺盛的枝條自先端切除，控制生長。紫藤生長快速，即使花後也持續往上伸展。一般形成隔年春天的花芽，於梅雨季期間或夏季之間，主要在短枝的側枝。因此，花後修剪可抑制伸長生長，促進生殖生長。再者，短枝花芽須充分日照，配合疏刪修剪可確保日照。進入落葉期後，短枝部分形成花芽，於花芽先端保留五、六個葉芽，截短以促進花芽生長。

④春天伸展枝條的花芽長出芽，隔年自此伸展新梢並開花。晚春至初夏開花者多。花後立即切除，原則上四－五月以後以不切除枝條先端為原則；須事先確認花芽情形，於落葉期修剪。如繡球花；花後連帶花下方的兩片枝葉需立即修剪。之後生長的新枝，隔年不開花，於秋季落葉後，確認花芽位置依樹高配合修剪。

(d) 樹木更新修剪

隨著樹齡的增加，促進老化樹木更新。

①過度伸展的枝條切除後，重新整頓樹形。保留的枝條先端發新梢、萌芽。

②讓老化的樹木更新。當樹幹老化時，樹枝先端依舊持續伸展新枝條。因此，確保新枝條生長再生，進行每年短截、疏刪修剪，促進活性化並防止樹木老化。主要以切除老枝條使新梢萌芽，培養具備活力的枝條。例如英國冬青，隨著老化後葉緣鋸齒變少，失去原來的葉形，為促進新葉的生長須採取修剪老枝條的手法。

(e) 樹勢保護及病蟲害防除修剪

①幹頭枝及分櫱枝：修剪幹頭枝以避免樹木受風傾倒。如刺桐，受到寒風害時幹頭枝

容易枯損，須事前修剪。分蘗枝需盡早修剪，避免影響樹體生長帶來損害。

②去除老葉：為了維持樹形，去除蒲葵、八角巾盤等老葉。老葉也為病蟲害的主要原因，需確保通風、避免受病蟲害感染。

③病枝去除：櫻花類等受到簇葉病感染發病時，於開芽前自枝條基部切除，避免春天展葉後病孢子飄散。松樹枝條出現腫瘤病時，自枝條基部切除確保健全。其他如槲寄生或其他寄生植物，因寄生處會影響樹木生長，嚴重時枯死須及早修剪去除。

(f) 樹木生理調節修剪

①移植時修剪：因多量根系被切斷，修剪是為了保持地上部生長與地下部根系吸收力之間的平衡。通常配合切除根系的量及去除枝葉比例；常綠樹約三分之二、落葉樹二分之一。

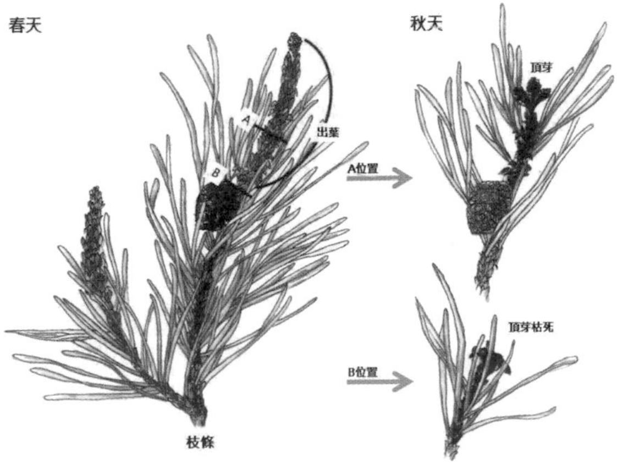

黑松摘新芽。（繪圖：周芷若）

②摘新芽：松樹新芽伸展為枝條及開葉之前。為減少枝條數量，自基部摘取或截除一半的伸長量，調整樹形避免崩壞。摘新芽的適當時期，以徒手易摘取的四月期間進行。

③拔老葉：保留今年的葉，自下方往上拔除前年的老葉。松樹類，於九－十二月時將去年的葉自枝條基部拔除，確保下枝日照。

④徒長枝：避免樹形變亂，修剪徒長枝以控制部分生長。如梅樹、海桐、石斑木、杜鵑等。

第十二章

綠化樹種與特色

為了結合人的需求、環境特性，必須掌握綠化樹種的特質。若只是考慮樹木姿態、生長狀態的現象，是難於滿足植栽規畫的需求。

植物的利用與選擇，絕非只參考自然植生或現地附近的樹種。而是在其場所觀察氣象的變化、風的強弱、過密植所帶來的溫度變化。其他還涉及土地利用、土壤乾濕及土質等。基於此，掌握微妙生長基盤的不同，判斷樹種性質、個性。

1. 樟樹

常綠樹，樹齡可達百年以上。樹幹含有精油成分可抗蟲、防腐，枝葉所散發的香氣樟腦還具備抗菌效果。自古以來，主要作為佛像、建材、造船的木材。近年，研究發現香氣可抑制大腸菌的繁殖。樟樹葉子平均壽命約為一年，初春時新葉與老葉交替而出現落葉現象。樹形為廣橢圓形，新芽為紅黃色與其他常綠樹種混植時，有助於提升景觀色彩協調性。

由於樟樹生長快速，樹高可達二十公尺，根系伸展範圍較大。樹形厚重、強健，少病蟲害可耐都市環境壓。枝條因具備柔軟性，可耐強風吹襲。若種植於海邊地區，即使枝葉受潮風的影響也能回復，具備某程度上的抗潮能力。修剪於春季展葉後，修剪切口易萌芽為萌芽力強的樹種之一。偏好濕氣的深層土壤，過於潮濕或排水不良反而樹勢低下，生長不良。

規畫種植時，植栽間隔五至十公尺、人行步道寬度至少須要四．五公尺。考慮根系，植栽穴至少須一．五公尺深。一般家庭也可以植栽，但根系伸展能力大，即使小苗木種植，未來將圍牆、硬體破壞可能性高。

2. 榕樹

分布於熱帶—亞熱帶地方的常綠喬木，樹齡可達百年以上。榕樹會將其他植物、岩石、圍牆等包覆抑制，也稱為絞殺榕。自古稱榕樹為「精靈之樹」，並視為神聖之樹。如十二世紀前半，柬埔寨建立龐大的宮殿遺址吳哥窟，即被榕樹氣根所包覆。因樹幹周圍生長許多的氣根，生長為大樹時，樹幹容易複雜且奇形怪狀。因木材輕軟，強度不足無法作為建築材使用。

樹形為傘形，樹幹厚重具氣根。樹冠枝葉密度高，適合為遮蔭樹種。榕樹本身喜高溫多濕，當種植於通氣性不良的黏土質土壤，容易生長不良。種植於土層淺的植栽基盤，數年後土壤易乾燥使樹木活力降低，須特別注意灌水管理。由於樹種萌芽力強、耐強剪，樹形比較容易矯正。規畫種植時，因樹冠橫向生長須具備一定的植栽空間。行道樹規畫；步道寬度至少四．五公尺，植栽間隔五至十公尺，植栽穴至少須一．五公尺深。

因淺根性質，當生長旺盛時氣根或根系容易竄根破壞地面硬體設施。

3. 茄苳

亞洲熱帶原產的半常綠喬木。樹齡可超過百年，被列為神木樹種之一。根、樹皮及葉為消炎解痛藥材。因生長快速，也造成部分地區生物多樣性的壓力。雌雄異株；當雌株結果掉落後，不易被其他生物所食用並在母樹周圍發芽生長，另一部分的種子藉由棕耳鵯散布至遠處。由於幼樹耐陰強、生長快速，不斷擴大容易影響其他物種，破壞森林生態系的平衡。

樹高可達二十公尺，樹冠寬大需充分植栽空間。喜肥沃土地，低濕地也能健全生長。當日照不足，容易出現落葉的現象。避免寒冷時期修剪，因萌芽力強可耐強剪，樹形比較容易矯正。然而枝幹粗壯，修剪時傷口易大，須配合癒合劑的使用。若修剪不當，容易導致腐朽發生並引起白蟻問題。

規畫種植時，考慮樹形容易曲斜，步道寬度至少四・五公尺。根系屬於水平垂直深根型，植栽間隔五至十公尺，植栽穴至少須一・二公尺深。樹體根系強健、發達且易竄根，破壞硬體。

4. 大葉欖仁

分布於亞洲熱帶、亞熱帶海岸地區，提供臨海道路珍貴「綠蔭」的樹種。落葉前紅葉，姿態優美。在馬來西亞，利用果實將牙齒染黑的風俗。樹皮、果實、材具備多量單寧酸為染料及醫藥用材。葉具有含量較多的單寧酸，若昆蟲等食用後，體內消化酵素（蛋白質）與單寧結合而導致無法消化。一般單寧酸以成葉含量較高，可防止昆蟲、鳥類及動物等食害。單寧酸為茶葉成分的兒茶素一種，使蛋白質與離子容易結合的性質。近年來，飼養熱帶魚的水槽為改善水質，使用葉子以作為淨化之用。大葉欖仁樹的果實，尚未落果時為綠色狀態，成熟後為黃色並吸引蝙蝠食用。

樹形如傘狀，葉大、枝條為水平伸展，樹高可達二十五公尺。因耐鹼、耐潮性強適合作為臨海區域的行道樹栽種。儘管受到強風、潮風的影響而落葉，於高溫期時容易再度展葉更新。不須刻意修剪，以維持自然樹形為主。

規畫種植時，因樹冠寬大，植栽於步道至少寬度四．五公尺。根系屬於水平淺根型，植栽間隔五至十公尺、植栽穴須一．二公尺深。

5. 鳳凰木

鳳凰木為馬達加斯加原產熱帶花木。鳳凰木所指開花的姿態，猶如古代中國傳說的鳳凰飛翔姿態而做比喻，與火焰木、藍花楹稱為世界三大熱帶花木。近年來研究也發現，花還可以萃取作為天然染料原料。鳳凰木的病蟲害，以鳳凰木裳蛾最為常見。因樹形高大，鳳凰木裳蛾容易躲在濃密的樹冠層裡食害。除非食害嚴重，否則不易被人察覺。嚴重時猶如傳染性，鄰接的樹也接連遭受食害。再者，自樹冠掉下來的蟲體與褐色糞便也影響環境的美觀與衛生。

種植於日照良好，避免風衝位置植栽。因不耐潮風，枝葉脆弱易受損。喜排水良好的砂質土壤，冬季不適合移植。若植栽空間足夠，維持自然樹形，不須特意修剪。避免冬季修剪，導致切口易腐朽。受強風等摧折時，盡可能保留枝幹與主枝。

規畫種植時，步道寬度至少六・五公尺。根系屬於水平垂直根系型，植栽間隔五至八公尺，植栽穴至少須零・八公尺深。

6. 櫸木

原生地為溪谷及平野地，木材強韌，自古以來作為建築材使用。櫸木的壽命長，可達千年以上，象徵強韌的生命力。整體樹形為扇狀，下枝（橫向生長枝條）少，適合種植為綠蔭樹。櫸木作為行道樹常用樹種，除了景觀上的考量，枝葉與樹形其雨量攔截率高，有助於都市水文效果。日本早期為了防止自然土石流災害，在鐵道沿線種植。因櫸木生長快速，根系伸展旺盛於坡面大量種植，可避免落石、土石崩落等災害。

適合種植於山腰、谷地及斜坡面，喜肥沃的深層土，對養分及水分的需求度高。因根系分布廣支持力大，具耐風能力。但枝葉不耐潮風，易受損，受到大氣汙染後會出現落葉現象。近年來廣泛種植於都市內部，因人工基盤及土壤硬化，櫸木無法充分生長，失去原本優美的樹形。因樹冠寬大，不適用於一般住宅庭園用樹。

規畫種植時，步道寬度至少四．五公尺。適合為自然樹形，避免返回修剪使樹形變亂。若要縮小樹形，於若齡期定期施作返回修剪，使樹形再生。根系屬於水平淺根性，植栽間隔五至八公尺，植栽穴至少須一．五公尺深。

7. 山櫻花

山櫻花為台灣原生的櫻花樹，暖地性的櫻花品種。在日本又名「正月櫻」，於農曆正月期間開花。比其他櫻花品種，開花期較早。隨著老齡的櫻樹，樹形呈現傘形可提供綠蔭。因山櫻花不耐風，受到強風吹襲枝幹斷裂易並發生腐朽問題。因此山櫻花較少大徑木，樹齡也少超過百年。

適切的修剪有助於生長及抗風，一般壯齡樹修剪切口恢復力高。老齡櫻樹，因修剪傷口癒合緩慢，須避免強剪。生長稍微快速，適合為自然樹形，修剪時以疏刪修剪、枯枝、亂枝修剪為主。陽樹，喜排水良好。種植於地下水位高、黏土質土壤容易生長不良。

規畫種植時，步道寬度至少三・五公尺。根系為水平淺根性，植栽間隔四至八公尺，植栽穴至少須一公尺深。

8. 紫薇

紫薇為熱帶、亞熱帶附近的原生樹木。景觀的花木，樹齡可超過百年。花期可長達兩個月以上之久，又名百日紅。在中國，於唐朝的長安宮殿出現紫薇種植紀錄。宋朝傳入日本後，廣泛種植。近年來，在京都平等院（京都府宇治市）的鳳凰堂前「阿字池」池底發現西元九四〇年時期的地層內，檢出紫薇的花粉。可見當時作為貴族官邸的觀賞用花木而栽種。

陽樹，喜通風、日照及排水良好處。若種植於日照良好的環境，之後養護管理較為容易。日照不足時，花量容易減少影響開花；通風不良處枝葉容易感染白粉病。因生長力旺盛，若不適時修剪樹冠容易伸展變大。修剪主要以花後，即九月－十二月之間，也就是落葉期間。於春天以後強剪容易減少花芽量。修剪以一年一次，於花後枝條下方二－三節修剪，一個月後還能再度開花。以此修剪，枝條容易變多，花數也會增加。作為行道樹，修剪限制以一年一次強剪為主，落葉期間以粗枝修剪。

植栽環境，忌過乾、過濕。土質適應能力強，也耐大氣汙染。規畫種植時，步道寬度至少三．五公尺，植栽間隔四至六公尺。根系為斜出的水平根系，植栽穴至少須零．八公尺深。

9. 苦楝

過去推論為喜馬拉雅山麓下原產的落葉喬木。自古作為漢方藥材及花木欣賞種植。印度及中國視苦楝為避邪之樹，之後導入日本並種植於刑場前。主要認為可以震懾斬首亡靈的怨氣。自宋朝以後除了種植以外，果實及木材使用於佛像、佛珠。甚至還將葉子作為避邪，隨身攜帶。樹皮與果實具備藥材成分，樹皮成分也可驅蟲。樹齡可超過百年，樹高可達二十公尺。近年來，研究發現苦楝的葉具備抗癌症效果。自葉內抽出的成分，可誘導癌細胞自體吞噬，最終達到消滅的效果，也被稱為「神的樹」。

夏季綻放淡紫色花具香氣，適合公園遮蔭，美化。花後，秋季結果為黃褐色。當周邊的自然環境良好時，果實落下發芽機率高。枝條以水平伸展，生長快速需充分植栽空間。可耐鹼性植栽基盤並適應都市環境。適合排水良好的砂質土壤，種植於土壤肥沃處，生長快速。大樹移植時，避免秋天以後移植，需斷根養根以確保移植存活。因萌芽力不強，修剪恢復樹形需耗費時日，盡量維持自然樹形為原則。當過度強剪，枝幹容易腐朽枯損。

規畫種植時，步道寬度至少六・五公尺。根系為水平根系，植栽間隔四至八公尺，植栽穴至少須一公尺深。整體樹冠的粗枝以橫向生長，不適於一般家庭的庭園種植。

10. 楊梅

楊梅，原產地於黃河上游。樹齡可達百年。在中國，於新石器時代遺跡處發現種子。自唐朝時期開始也廣泛種植。一般自種植到結果須耗費二十年的時間。樹皮與根系作為漢方藥材使用以外，也作為染料。自然環境下生長，樹高可達二十公尺。果樹及庭園樹時，適時修剪以縮小樹形。即使於貧瘠地也可以生長，適應力強。

中性樹，略帶陽性。考慮果實收穫，需充分日照。根系有根瘤菌共生，忌過濕，喜通氣排水良好砂壤土層，也可耐強酸性。儘管生長緩慢，若放任容易使樹冠過大過密，最低一年一次修剪的限度，配合疏刪修剪。當通風不良時，容易發生介殼蟲病。主要病害為細菌引起的樹瘤。

於枝條發生樹瘤時，自先端開始容易枯損。即使切除樹瘤也無法根絕細菌，反而造成樹幹外傷。樹瘤的發生，多半藉由外力感染，須注意修剪刀的消毒。

規畫種植時，步道寬度至少四・五公尺。根系為水平垂下根系，植栽間隔三至五公尺，植栽穴至少須一公尺深。

11. 含笑

含笑，賞花型常綠小喬木。樹齡高，可超過百年。過去以來將含笑視為神聖樹木之一，由於較高的觀賞價值，廣泛種植於公園，庭園及道路行道樹等。花香如香蕉的香氣，一天當中香氣最高為下午的三點到四點之間。樹形狹小，綠蔭樹效果有限。近年來，推動行道樹設計中，於喬木與喬木之間配植小喬木的景觀性。一般喬木遮蔽日照約百分之六十－百分之八十五的遮光率，以至於中小喬木等容易生長受到阻礙。含笑於低日照條件之下，又能生長健全並提供景觀。

生於背陽處的樹林中，小溪溝谷邊尤為茂盛。性喜半陰，在弱陰下最利生長，忌強烈陽光直射。喜濕氣土壤環境，排水不良、黏質土生長容易不健全。通風不良時，容易發生介殼蟲病。避免開花前及冬季修剪。成長慢，修剪移植不容易。適合一般家庭庭園用樹。

規畫種植時，步道寬度至少三．五公尺。根系為水平斜出根系，植栽間隔二至四公尺，植栽穴至少須一．五公尺深。

12. 光蠟樹

東南亞原產樹種，廣泛種植於公園、庭園等作為都市綠化樹種。樹形高大，枝條纖細、柔和、生長快速、耐熱、枝葉茂密等適合作為綠蔭樹種。光蠟樹的樹皮薄且柔軟，樹液豐富容易引獨角仙食害。受到啃咬的樹皮，滲出樹液後發酵，散發出的香氣引發聚集食害。儘管食害後的樹皮出現裂痕不會直接影響樹勢，卻帶給景觀上障礙。

光蠟樹開花期於夏季，清淡香氣。陽性樹種，半日照也可生長。日照過強，水分不足時容易發生枯葉。喜偏濕肥沃地，不耐乾燥。由於乾燥時，容易落葉，須適時保持土壤濕度。種植於通風不良處易發生蚜蟲、介殼蟲。適時配合適度修剪，確保枝幹通風日照環境。生長快速，修剪以控制樹冠大小。

規畫種植時，步道寬度至少四・五公尺。根系為斜出根系，植栽間隔四－八公尺，植栽穴至少須一公尺深。

13. 紅楠

紅楠，為古代信仰樹種之一。樹齡高，可超過百年以上。樹高可達二十公尺，新芽鮮紅色姿態優美，老葉以二－三年一次更新。自古以來木材作為造船用，樹皮具備單寧酸為染料使用。此外，因樹皮具備黏性，也為線香的黏結原料。主要分布於溫暖沿海地帶，為海岸地區代表的常綠闊葉樹。葉的表裏覆蓋蠟質物質，可防止鹽分入侵。樹冠伸展廣大，降雨時順著樹幹流下的樹幹流多，古代以紅楠樹收集雨水供給牛馬飲用。

中性樹種，耐陰強，半日照也可健全生長。適合海岸地區的防風林、防潮樹種。可耐大氣汙染，適合種植工業區。土壤以微濕潤，排水良好且肥沃土壤，乾燥貧瘠容易樹勢衰弱。修剪以夏天，梅雨季後修剪徒長枝條，樹冠整形。冬季修剪以密生的枝條、枯枝等疏刪。耐陰性高，萌芽力強，可藉以萌芽更新世代交替。病蟲害少樹種之一。

規畫種植時，步道寬度至少四・五公尺。根系為斜出垂下根系，植栽間隔五－十公尺，植栽穴至少須一・二公尺深。

14. 楓香

落葉喬木，原產台灣。屬名為琥珀色的液體，當樹幹有傷口時，分泌多量的樹脂，可作為香料。樹幹的楓香脂作為解毒藥材使用。在中國，楓香樹皮、樹根、樹葉等也為各種藥材使用。由於葉與樹脂具備特殊氣味，動物不食用，適合種植於動物園。生於山地常綠闊葉林中，生長快速，樹形大，不適於狹小空間種植。花期為春天，秋天結果。

喜溫暖濕潤氣候，性喜光。濕氣的環境也可生長，也耐乾旱貧瘠。植栽環境適合排水良好地，根系支持力大，適合都市行道樹。修剪時期以落葉期冬季為主，粗枝具萌芽性。為病蟲害少樹種之一。規畫種植時，步道寬度至少四．五公尺。根系為水平斜出垂下根系型，植栽間隔五－十公尺，植栽穴至少須一公尺深。

15. 印度紫檀

原產於馬來西亞半島東海岸南部。樹齡可達百年。十九世紀開始，馬來西亞與新加坡廣泛推動種植為樹蔭樹。其木材珍貴作為家具、建築材等使用，自然資源不斷的減少。除了木材以外，樹液稱為龍的血液為止血藥材。傘形樹形，適合種植於公園、大道等有足夠空間伸展。夏季開花，花壽命短具芳香。

近年來東南亞各國，行道樹種植也漸漸減少。因根系生長快速，靠近地面的水平根系粗大也出現潛在的危害。尤其，側根伸展力強，能支撐根部吸收水分及養分。因此常發生竄根、破壞硬體等問題，間接危及行人安全。印度紫檀為豆科植物，即使貧瘠土壤也能適應良好，改善土壤生態。因生長快速需定期修剪，枝條脆弱易隨大雨斷裂，修剪時期以落葉期冬季為主。

規畫種植時，步道寬度至少四．五公尺。水平斜出垂下根系型，植栽間隔五至八公尺，植栽穴至少須一公尺深。

16. 鐵刀木

鐵刀木，首次歸類於木麻科，之後才歸類於豆科。鐵刀木一名，可想見為厚重木材，「如鐵刀一般」。與紫檀、黑檀兩種，列為高級銘木家具用材。原產於東南亞，除了銘木用材以外，一直以來鐵刀木於民間治療功效上，還具有悠久藥用價值。雖然為非固氮樹種，但也可作為造林及綠蔭樹。在菲律賓，多植於公共和私人區域遮蔭，對於緩解氣溫具效果。

陽性植物，喜日照。生長旺盛，不耐強風。可耐貧瘠土壤、耐鹼性，土壤適應能力強。若種植於排水不良的土壤，根系生長不良。適合冬季落葉期間修剪。規畫種植時，步道寬度至少四．五公尺。水平斜出垂下根系型，植栽間隔五至八公尺，植栽穴至少須一公尺深。

17. 欒樹

欒樹，中國自古以來種植於墓地，為墓地樹種。日本自隋朝時期傳入，藉由僧侶導入寺院種植，其種子黑色且硬，常被用為佛珠材料。葉子可以為膏藥成分，而花為眼藥及黃色染料使用。主要作為景觀、綠蔭樹種，樹齡可達百年。

一般來說，欒樹種子發芽率較高，但生長速度較慢，繁殖較為困難。樹冠寬大，考慮未來樹冠空間，若植栽空間狹小樹冠無法伸展，須具備一定植栽空間。喜排水良好處，若種植於過濕環境，根系生長不良。不須特別修剪，僅止於亂枝、枯枝。於冬季落葉期間修剪。

規畫種植時，步道寬度至少三・五公尺。根系為水平垂下根系型，植栽間隔五至八公尺，植栽穴至少須一公尺深。

18. 白千層

白千層又名脫皮樹。原產於澳大利亞、新幾內亞的太平洋地區。在美國為非原生，且具備侵入性。在一九〇〇年代初期首次導入佛羅里達州，作為觀賞植物。一九三〇年代以後，分布從潮濕的沼澤到乾燥地都可見其蹤影。一九七〇年代以後，因考慮繁殖力強而影響生態，政府下令禁止種植。春季和夏季的幾個月裡，芬芳的白花成簇綻放如瓶刷。果實小，可容納兩百到三百顆小種子。白千層葉經過蒸餾後，取得白千層腦成分，類似樟腦氣味，可作為害蟲驅除。同時也作為藥材使用。

陽樹，綠蔭、有效防蚊樹種。喜溫暖潮濕環境，不耐寒。主幹粗，樹葉集中在主幹附近，大風時不易斷枝，適合為防風籬。耐潮，能耐乾旱高溫及瘠瘦土壤，生命力非常堅強的植物。不須刻意修剪。規畫種植時，步道寬度至少三・五公尺。根系為水平斜出根系型，植栽間隔四至八公尺，植栽穴至少須一公尺深。

19. 杜英

杜英的出現，自古新世（大約六千五百五十萬年前），到始新世（大約五千六百萬年前）之間，比現在更為溫暖的氣候。在此期間，常綠葉子大小可達十二公分，可見為多濕高溫的氣候環境所致。杜英，其最早的植物化石，也是在此年代的熱帶地區所發現。常綠樹，枝葉部分出現紅葉現象與樟樹相同。常綠樹並非如同落葉樹種一齊落葉，而是老葉陸續落葉為其特徵。一般，植物的葉子自綠色變化為紅黃色，以此稱為紅葉落葉現象。如楓紅，受到環境的壓力形成離層，誘導紅葉。常綠樹，相較於環境壓力，為葉子老化誘導離層的形成。因此不會出現同時大量落葉，而是老葉漸漸變紅，之後落葉。葉子具備杜英素，為藥材一種。樹皮可作為染料材料。

中性樹，綠蔭樹種，樹齡可達百年。分布於暖溫帶、亞熱帶地區。耐潮風，適合沿海地區、道路、工廠綠化樹種。喜濕潤土壤環境，土壤過乾燥容易枯損生長不良。枝條橫向生長，縮小樹形以返回修剪為主。生長緩慢，萌芽力弱，強剪後恢復力慢。花於前年枝條上開花，以賞花為目的種植時，修剪期以花後。移植容易，屬病蟲害少樹種之一。規畫種植時，步道寬度至少四．五公尺。根系為水平斜出根系型，植栽間隔四至六公尺，植栽穴至少須一公尺深。

20. 大葉山欖

大葉山欖分布於東南亞各國。生長於海岸附近，常綠喬木。花具有獨特的氣味，花期時滿開容易有惡臭。樹液可為樹脂，果實為蝙蝠類、鼠類等動物採食。樹木可防潮、防風、生長速度快，適合作為濱海地區與工業區、公園、庭園及行道樹種。

陽樹，綠蔭樹種，樹性堅毅強壯。夏季時，新葉為褐色，不久後容易出現蚜蟲，進而引發黑煤病。適度配合疏刪修剪，確保通風以防止病蟲害發生。規畫種植時，步道寬度至少四．五公尺。根系為水平深根系型，植栽間隔四至八公尺，植栽穴至少須一．二公尺深。

21. 榔榆

榆樹，比起木材，樹皮的纖維組織被用為繩子等原料使用。枝條的內樹皮還可磨粉，為漢方藥材。生長於山地河谷邊的落葉喬木，樹形直立且圓形樹冠，生長快速適合為綠蔭樹。榔榆於每年春夏之交，樹液多容易引來蝶類、昆蟲為創造生態多樣性樹種之一。

榔榆，主要分布於濕地，即使地下水位高也可以生長。喜排水良好、微潮濕的酸性土壤，且可以忍受部分半日照。因喜肥沃濕潤的土壤，反而貧瘠、乾燥地少生長。種植時須注意灌水以防乾燥枯損。不須刻意修剪，以維持自然樹形為主。落葉期、展芽前以修剪亂枝、枯枝。新的枝條先端多細枝，樹冠容易過度密集。將過密枝條以疏刪，配合樹冠外的徒長枝修剪以整合樹形。病蟲害較少樹種之一。

規畫種植時，步道寬度至少三・五公尺。根系為水平淺根系型，植栽間隔四至八公尺，植栽穴至少須一公尺深。

22. 青剛櫟

分布於東南亞的平地或山地，河岸周邊較少自然分布。古代發生饑饉時，將其果實煮沸食用。由於木材堅實，也作為建築用材等。

中性樹，綠蔭樹種。全日照－半日照、通風良好環境生長健全。植栽基盤土質並不要求，但排水不良時根系易腐爛。喜濕潤肥沃土壤，根系支持力大。可耐大氣汙染、潮風等適合種植作為行道樹。自然樹形為橢圓形，不須特意修剪。種植於受限的空間時，當樹冠逐漸變大，下方枝條容易發生枯損現象。修剪以一年兩次為基準，成長過程中容易出現徒長枝，若放置不管，枝條持續增加導致樹形崩壞。採用返回修剪促進萌芽，應於枝幹基部切除配合疏刪修剪。此外，外側枝條不斷伸展，樹冠內部枝條容易枯損，適時進行枯枝、亂枝修剪確保通風與日照。適期為展芽穩定後五－六月及生長緩慢冬季十一－十二月期間。因萌芽力強，為耐修剪樹種之一。常見介殼蟲、白粉病等病害。規畫種植時，步道寬度至少四．五公尺。根系為斜出垂下根系型，植栽間隔三至五公尺，植栽穴至少須一公尺深。

23. 水黃皮

分布於印度、東南亞一帶。新芽展開時，新葉呈現粉紅色，之後成熟為綠油油的綠葉。當葉受到損傷時，易散發出香氣。二十世紀初期，當印度發生大旱災，幾乎未受到任何影響，可以說具備耐旱抵抗能力。原生地靠近海岸，可耐鹽分及強風。喜水氣、日照，常見於河岸邊、海岸地帶。種子可萃取油（水黃皮種子油），為皮膚用藥或蠟燭及香皂使用。其他樹皮、葉及根都為藥材。由於可提供較大綠蔭，在印度及東南亞廣泛種植為公園樹及行道樹種。甚至，也作為紅茶栽培田的綠蔭種植。因具備較多氮素，花與落葉的堆積也能提供肥料效果。在南印度還刻意將枝葉修剪以供綠肥使用。

橢圓樹形，枝葉茂密能提供較多的綠蔭。根系具備根瘤菌，可改善貧瘠土壤。將落葉回歸土壤，還可促進根系的生長量。根系為深根，可維持樹冠下土地的濕度及營養條件。因枝條生長快速，適時進行疏刪修剪以控制樹形。一般修剪期間，以花後進行。

規畫種植時，步道寬度至少四．五公尺。根系為深根型，植栽間隔三至五公尺，植栽穴至少須一．五公尺深。

24. 流蘇

流蘇，又名四月雪。分布於東亞與北美溫帶地區，落葉高木。樹齡高，可超過百年以上。屬名為Chion（雪）＋anthus（花），開花期時，枝條上如雪花般堆積。雌雄異株，即雄株與兩性花株也稱為雄性兩性異株。流蘇的嫩葉含有多酚類、類黃酮等廣泛被作為飲料、藥茶。可耐大氣汙染、適應力強等適合種植作為行道樹及公園觀賞樹。

生長非常緩慢，至成木結花芽也至少須耗費十年。近年來出現改良新品種，稱為「一歲性」即幼齡木階段即可開花。一般幼齡木開花不良時，也有可能因日照不足或養分不充分。樹冠隨著生長、老化容易呈現傘形樹形，須確保植栽空間。喜日照良好，具濕氣的土壤。不忌土質，當土壤乾燥、保水性不強反而容易生長不健全。維持自然樹形為主，修剪以亂枝及枯枝，確保樹冠內的日照及通風環境。生長緩慢，當強剪時樹形恢復需要較長時間，樹形也容易崩壞。修剪適期以每年冬季十二－一月期間。管理原則為「確保日照」、「避免乾燥，適時灌水」及「修剪時避免切除花芽」等。

規畫種植時，步道寬度至少四．五公尺。根系中大徑水平根系，淺根型，細根集中於土壤表層。植栽間隔三至五公尺，植栽穴至少須一公尺深。

25. 洋玉蘭

原產於美國東南部，為世界上最古老的樹種之一，幾乎可以追溯到銀杏時代。最早的族群於中歐、西伯利亞一帶，直到被巨大冰河推動而移至南方。在世界各地廣泛栽培並使用於皮膚治療，近年來也研究發現具有高度藥用價值。

常綠喬木，高可達三十公尺。洋玉蘭在潮濕、排水良好的地方生長最好，沿著溪流或靠近沼澤地區分布。根系分布類型與大多數的樹種相比，伸展範圍廣。其中不乏根系伸展超過樹冠四倍大。因樹體及枝葉大，種植時須確保植栽空間。一般幼苗的生長速度快，隨著樹木的生長老化，對日照需求就更高。生長過於旺盛時，樹冠內易缺乏日照、通風不良，使樹木衰弱引起病蟲害發生。常見如黑煤病以外，樹體衰弱時枝條也會發生潰瘍病。一般修剪以花後，新梢的先端形成隔年花芽，非適期修剪反而容易不慎切除花芽，盡可能以花後立即修剪。過於強剪，樹勢易低下。規畫種植時，步道寬度至少五公尺。根系為斜出垂下根系型，植栽間隔三至六公尺，植栽穴至少須一公尺深。

❖ 綠化樹種圖鑑表

常綠樹種｜樟樹 *Cinnamomum camphora*

- 樟科
- 樹高：15–25公尺
- 植栽時期：2–4月
- 開花時期：3–4月

耐乾性	–	耐濕性	◎	耐風性	◎
耐陰性	△	耐暑性	○	耐寒性	–
耐踏性	–	耐潮性	◎	耐病蟲害	◎
移植容易	–	結果	○	樹冠寬度四公尺以上	○
喜濕潤地，耐大氣汙染，生長快速。下部枝葉旺盛。					

常綠樹種｜榕樹 *Ficus microcarpa*

- 榕科
- 樹高：6–20 公尺
- 植栽時期：2–4月
- 開花時期：3–4月、8–9月

耐乾性	◎	耐濕性	○	耐風性	△
耐陰性	○	耐暑性	◎	耐寒性	–
耐踏性	○	耐潮性	○	耐病蟲害	○
移植容易	◎	結果	○	樹冠寬度四公尺以上	○
生長快速，根系強健.耐病蟲害，萌芽力強，可耐修剪。					

圖例

◎：最佳　○：佳　△：尚可　–：無

半落葉樹種｜茄苳 *Bischofia javanica*

- 大戟科
- 樹高：8–20公尺
- 植栽時期：2–4月
- 開花時期：2–3月

耐乾性	○	耐濕性	◎	耐風性	○
耐陰性	–	耐暑性	◎	耐寒性	–
耐踏性	△	耐潮性	△	耐病蟲害	–
移植容易	○	結果	○	樹冠寬度四公尺以上	○
生長迅速，陽樹。喜濕潤環境，不耐修剪。耐大氣汙染。					

落葉樹種｜大葉欖仁 *Terminalia catappa*

- 使君子科
- 樹高：10–15公尺
- 植栽時期：2–4月

耐乾性	◎	耐濕性	◎	耐風性	◎
耐陰性	–	耐暑性	◎	耐寒性	–
耐踏性	–	耐潮性	◎	耐病蟲害	–
移植容易	–	結果	○	樹冠寬度四公尺以上	○
耐濕，生長快速。耐潮，耐風。					

落葉樹種｜鳳凰木 *Delonix regia*

- 豆科
- 樹高：10–15公尺
- 植栽時期：11–12月
- 開花時期：5–6月

耐乾性	◎	耐濕性	–	耐風性	–
耐陰性	–	耐暑性	◎	耐寒性	–
耐踏性	–	耐潮性	△	耐病蟲害	○
移植容易	△	結果	○	樹冠寬度四公尺以上	○
喜日照，陽樹。生長快速，耐大氣汙染，不耐修剪。					

落葉樹種｜欅木 *Zelkova serrata*

- 殼斗科
- 樹高：20–25 公尺
- 植栽時期：1–2月、11–12月

耐乾性	–	耐濕性	○	耐風性	◎
耐陰性	–	耐暑性	◎	耐寒性	◎
耐踏性	–	耐潮性	△	耐病蟲害	◎
移植容易	◎	結果	○	樹冠寬度四公尺以上	–
喜濕潤，肥沃土地。生長稍快速。耐大氣汙染、觀賞以樹姿態、樹幹、新葉。					

落葉樹種｜山櫻花 *Prunus serrulata*

- 薔薇科
- 樹高：6–8 公尺
- 植栽時期：2–4 月、11–12 月
- 開花時期：2–3 月

耐乾性	○	耐濕性	△	耐風性	–
耐陰性	–	耐暑性	△	耐寒性	○
耐踏性	–	耐潮性	–	耐病蟲害	–
移植容易	–	結果	○	樹冠寬度四公尺以上	○
陽樹，喜肥沃地，排水良好處，不喜修剪，生長快，短命。					

落葉樹種｜紫薇 *Lagerstroemia indica*

- 千屈菜科
- 樹高：3–7 公尺
- 植栽時期：11–12 月
- 開花時期：6–8 月

耐乾性	◎	耐濕性	○	耐風性	–
耐陰性	–	耐暑性	○	耐寒性	–
耐踏性	–	耐潮性	○	耐病蟲害	–
移植容易	○	結果	○	樹冠寬度四公尺以上	○
生長快速，喜濕潤肥沃土壤。萌芽力強，可耐修剪。					

落葉樹種 | 苦楝 *Melia azedarach*

- 楝科
- 樹高：7–15 公尺
- 植栽時期：2–4 月
- 開花時期：3–5 月

耐乾性	○	耐濕性	○	耐風性	△
耐陰性	–	耐暑性	◎	耐寒性	–
耐踏性	–	耐潮性	○	耐病蟲害	○
移植容易	–	結果	○	樹冠寬度四公尺以上	○
不耐修剪，生長快速，枝葉橫向生長。萌芽力強。					

常綠樹種 | 楊梅 *Myrcia rubra*

- 楊梅科
- 樹高：6–20 公尺
- 植栽時期：2–4 月
- 開花時期：3–4 月

耐乾性	○	耐濕性	○	耐風性	○
耐陰性	○	耐暑性	◎	耐寒性	–
耐踏性	–	耐潮性	○	耐病蟲害	○
移植容易	–	結果	○	樹冠寬度四公尺以上	○
耐修剪，生長快速，枝葉橫向生長。萌芽力強。					

常綠樹種｜含笑 *Magnolia figo*

- 木蘭科
- 樹高：2–3公尺
- 植栽時期：2–4月
- 開花時期：3–5月

耐乾性	–	耐濕性	○	耐風性	–
耐陰性	○	耐暑性	◎	耐寒性	–
耐踏性	–	耐潮性	–	耐病蟲害	○
移植容易	–	結果	○	樹冠寬度四公尺以上	–
耐修剪，生長快速，枝葉橫向生長。萌芽力強。					

落葉樹種｜光蠟樹 *Fraxinus formosana*

- 木樨科
- 樹高：15–20公尺
- 植栽時期：12–2月
- 開花時期：5–6月

耐乾性	△	耐濕性	◎	耐風性	△
耐陰性	◎	耐暑性	○	耐寒性	△
耐踏性	–	耐潮性	○	耐病蟲害	△
移植容易	–	結果	○	樹冠寬度四公尺以上	–
生長迅速，陽樹。喜濕潤環境，不耐修剪。耐大氣汙染。					

常綠樹種｜**紅楠** *Machilus thunbergii*

- 樟科
- 樹高：15–20公尺
- 植栽時期：5–6月
- 開花時期：3–4月

耐乾性	–	耐濕性	–	耐風性	◎
耐陰性	○	耐暑性	○	耐寒性	○
耐踏性	–	耐潮性	◎	耐病蟲害	◎
移植容易	△	結果	○	樹冠寬度四公尺以上	○
粗枝容易橫向生長，樹形為廣橢圓形。喜濕潤肥沃土壤，土層喜深厚。					

落葉樹種｜**楓香** *Liquidambar formosana*

- 金縷梅科
- 樹高：10–20公尺
- 植栽時期：10–3月
- 開花時期：3–4月

耐乾性	○	耐濕性	◎	耐風性	○
耐陰性	–	耐暑性	○	耐寒性	–
耐踏性	–	耐潮性	○	耐病蟲害	○
移植容易	–	結果	○	樹冠寬度四公尺以上	–
生長迅速，陽樹。喜濕潤環境，萌芽力強。樹幹筆直。					

落葉樹種｜印度紫檀 *Pterocarpus indicus*

- 豆科
- 樹高：20–25公尺
- 植栽時期：11–12月
- 開花時期：4–5月

耐乾性	◎	耐濕性	–	耐風性	–
耐陰性	–	耐暑性	◎	耐寒性	–
耐踏性	–	耐潮性	–	耐病蟲害	○
移植容易	△	結果	○	樹冠寬度四公尺以上	○
喜日照，陽樹。生長快速，耐大氣汙染，不耐修剪。					

落葉樹種｜鐵刀木 *Senna siamea*

- 豆科
- 樹高：10–20公尺
- 植栽時期：2–4月
- 開花時期：7–11月

耐乾性	○	耐濕性	△	耐風性	△
耐陰性	–	耐暑性	○	耐寒性	–
耐踏性	–	耐潮性	–	耐病蟲害	○
移植容易	△	結果	○	樹冠寬度四公尺以上	○
陽樹，不喜修剪，生長快。					

落葉樹種 | 台灣欒樹 *Koelreuteria henryi*

- 無患子科
- 樹高：8–15公尺
- 植栽時期：2–4月
- 開花時期：6–9月

耐乾性	◎	耐濕性	△	耐風性	△
耐陰性	–	耐暑性	◎	耐寒性	–
耐踏性	△	耐潮性	△	耐病蟲害	△
移植容易	○	結果	○	樹冠寬度四公尺以上	–
生長稍微迅速，陽樹。喜濕潤環境，不耐修剪。耐大氣汙染。					

常綠樹種 | 白千層 *Melaleuca leucadendra*

- 桃金孃科
- 樹高：8–20公尺
- 植栽時期：2–4月
- 開花時期：1–2月

耐乾性	○	耐濕性	△	耐風性	△
耐陰性	–	耐暑性	◎	耐寒性	–
耐踏性	–	耐潮性	△	耐病蟲害	○
移植容易	△	結果	○	樹冠寬度四公尺以上	○
生長稍微快速。陽樹，喜日照。可耐熱，大氣汙染及病蟲害。					

常綠樹種｜杜英 *Elaeocarpus sylvestris var. sylvestris*

- 杜英科
- 樹高：8–20公尺
- 植栽時期：2–4月
- 開花時期：5–7月

耐乾性	◎	耐濕性	–	耐風性	○
耐陰性	–	耐暑性	◎	耐寒性	–
耐踏性	–	耐潮性	○	耐病蟲害	○
移植容易	△	結果	○	樹冠寬度四公尺以上	○
喜日照，中性樹。生長中等，耐大氣汙染，耐修剪。					

常綠樹種｜大葉山欖 *Palaquium formosanum*

- 山欖科
- 樹高：8–20公尺
- 植栽時期：2–4月
- 開花時期：10–11月

耐乾性	○	耐濕性	○	耐風性	○
耐陰性	○	耐暑性	◎	耐寒性	–
耐踏性	–	耐潮性	○	耐病蟲害	○
移植容易	○	結果	○	樹冠寬度四公尺以上	○
生長慢。陽樹，喜日照。可耐熱暑，耐鹽，大氣汙染及病蟲害。					

落葉樹種 | 櫸榆 *Ulmus parvifolia*

- 殼斗科
- 樹高：10–15公尺
- 植栽時期：10–11月

耐乾性	○	耐濕性	◎	耐風性	○
耐陰性	–	耐暑性	△	耐寒性	–
耐踏性	–	耐潮性	○	耐病蟲害	–
移植容易	–	結果	○	樹冠寬度四公尺以上	○
耐濕，生長慢。具萌芽力、可耐潮風。土壤乾燥的肥沃地也可生長良好。					

常綠樹種 | 青剛櫟 *Cyclobalanopsis glauca*

- 殼斗科
- 樹高：3–20公尺
- 植栽時期：2–4月
- 開花時期：4–5月

耐乾性	○	耐濕性	○	耐風性	△
耐陰性	○	耐暑性	○	耐寒性	–
耐踏性	–	耐潮性	○	耐病蟲害	–
移植容易	△	結果	○	樹冠寬度四公尺以上	○
耐修剪，淺根型，根細，生長快速，具備萌芽力。					

半落葉性｜水黃皮 *Millettia pinnata*

- 豆科
- 樹高：6–10公尺
- 植栽時期：2–4月
- 開花時期：5–9月

耐乾性	○	耐濕性	○	耐風性	○
耐陰性	○	耐暑性	○	耐寒性	–
耐踏性	–	耐潮性	○	耐病蟲害	–
移植容易	○	結果	○	樹冠寬度四公尺以上	○
耐修剪，深根型，生長快速，傘形樹形。					

落葉樹種｜流蘇 *Chionanthus retusus*

- 木犀科
- 樹高：3–20公尺
- 植栽時期：12–2月
- 開花時期：3–4月

耐乾性	△	耐濕性	○	耐風性	△
耐陰性	–	耐暑性	○	耐寒性	○
耐踏性	–	耐潮性	△	耐病蟲害	○
移植容易	△	結果	○	樹冠寬度四公尺以上	○
不耐修剪，淺根型，根細，生長慢，具備萌芽力。					

常綠樹種 | 洋玉蘭 *Magnolia denudata*

- 木蘭科
- 樹高：8–20公尺
- 植栽時期：2–4月
- 開花時期：5–7月

耐乾性	△	耐濕性	○	耐風性	○
耐陰性	△	耐暑性	○	耐寒性	○
耐踏性	–	耐潮性	△	耐病蟲害	○
移植容易	–	結果	○	樹冠寬度四公尺以上	○
耐修剪，深根型，細根少，生長慢。					

❖ 後記

近年來因地球暖化，都市內部出現熱島效應問題不斷。這帶給我們生活環境危機，許多人因此失去健康，甚至喪失寶貴生命。為了緩和都市熱島問題，莫過於推動行道樹及公園綠化等植樹活動。由於都市環繞著水泥建物、柏油道路使熱集中，相較於郊外氣溫都要來的高。因此，必須藉由綠化緩和暖化現象。

行道樹及公園可以遮蔽日照，適時蒸散釋放熱能以降低溫度，有助於緩和都市圈氣溫。近年研究也發現，都市樹木在夏季最高可降低氣溫約五度。若個別種植情況下，綠蔭及樹木周邊與少植的區域相比，可差距一．四度。這也意味著，即使綠蔭也會產生冷卻效果。換句話說，行道樹降溫效應，其機能真的是不容小覷。除此之外，一般都市樹木相較於郊外樹木，其生長速度快約三、四倍。因為樹木受光時間長、二氧化碳量多、氮素肥料多及熱島現象等要素所致。當樹木越來越大，吸收二氧化碳也隨著變多。然而都市樹木生長同時，伴隨而來的卻是生存危機。隨著樹木的大徑化，植栽穴變小、竄根，之後配合強剪或伐除，導致死亡率遠遠超過郊外樹木約兩倍。儘管都市樹木生長快速為優點，卻也因行道樹的高死亡率而左右，並未能如期達到樹木機能。因此，如何減低行道樹枯死率並提升健全性，為行道樹管理課題。

道路對樹木而言，可以說是最不友善的生長環境。因根系無法在有限的植栽穴內自由伸展，同時又受到汽車排放的廢氣，步行者的踩踏等種種要素。還處於病原菌或害蟲侵襲壓力，如靈芝菌、褐根病等容易將樹木置於死地。行道樹為生物，其命運自然的也就避不了衰弱、枯死等宿命。當面對惡劣的環境，因病害而衰弱，腐朽、傾倒等衍生了環境危機。基於此也不得不進行樹木健康診斷，定期修剪。同時，必要時將危險木列為伐除與更新。行道樹是需要細心照料與管理。再者，也與當地民眾有著密不可分的情感，不適切的修剪及伐除也會引來民眾的反對聲浪。

我們也必須理解，儘管一昧地要求行道樹的各種機能，但始終沒有萬能的樹木。生物；無法在我們的理想中生長，必須運用樹木機能，互相協調並尋求共生之道。

聆聽樹木的聲音

台灣最專業的女樹木醫師，從風土歷史、景觀安排、修剪維護、綠化危機與都市微氣候，帶你找尋行道樹的自然力量，思考樹木與人和土地的連結

聆聽樹木的聲音：台灣最專業的女樹木醫師，從風土歷史、景觀安排、修剪維護、綠化危機與都市微氣候，帶你找尋行道樹的自然力量，思考樹木與人和土地的連結／詹鳳春作.
－初版.－臺北市：麥田出版：英屬蓋曼群島商家庭傳媒股份有限公司城邦分公司發行，2022.08
面； 公分.－（人文；27）
ISBN 978-626-310-269-9（平裝）
1.CST: 行道樹
436.133　　　111009022

封面設計　Bianco Tsai
內文排版　黃暐鵬
初版一刷　2022年8月

定　　價　新台幣480元
I S B N　978-626-310-269-9
　　　　　9786263102897（EPUB）

城邦讀書花園
www.cite.com.tw

作　　者　詹鳳春
責任編輯　陳淑怡
國際版權　吳玲緯
行　　銷　何維民　吳宇軒　陳欣岑　林欣平
業　　務　李再星　陳紫晴　陳美燕　葉晉源
副總編輯　林秀梅
編輯總監　劉麗真
總 經 理　陳逸瑛
發 行 人　凃玉雲

出　　版

麥田出版
台北市中山區104民生東路二段141號5樓
電話：(02) 2-2500-7696　傳真：(02) 2500-1966
網站：https://www.facebook.com/RyeField.Cite/

發　　行

英屬蓋曼群島商家庭傳媒股份有限公司城邦分公司
地址：10483台北市民生東路二段141號11樓
網址：http://www.cite.com.tw
客服專線：(02)2500-7718; 2500-7719
24小時傳真專線：(02)2500-1990; 2500-1991
服務時間：週一至週五09:30-12:00; 13:30-17:00
劃撥帳號：19863813　戶名：書虫股份有限公司
讀者服務信箱：service@readingclub.com.tw

香港發行所

城邦（香港）出版集團有限公司
地址：香港灣仔駱克道193號東超商業中心1樓
電話：+852-2508-6231　傳真：+852-2578-9337
電郵：hkcite@biznetvigator.com

馬新發行所

城邦（馬新）出版集團【Cite(M) Sdn. Bhd. (458372U)】
地址：41, Jalan Radin Anum, Bandar Baru Sri Petaling, 57000 Kuala Lumpur, Malaysia.
電話：+603-9057-8822　傳真：+603-9057-6622
電郵：cite@cite.com.my